甜蜜婚纱照

美甲

去皱霜广告

时尚生活

阳光海滩

电视广告

泛舟湖上

金色海滩

心型相框

魔方

卡通照片

小熊

替换人物衣服颜色

修正偏色照片

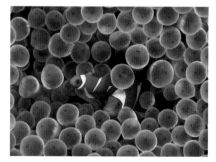

梦幻海底

破损墙面上的水彩画

春姑娘

卡通电视

时尚桌面

房地产招贴

王者之气 至尊天墅

手表广告

限量版设计
2011最新时尚款

酒广告

神欲酒 酒中神

珠宝广告

恒昌珠宝

书签

蜜蜂公主插画

艺术化相片

青花瓷瓶

异型文字

香水广告

霹雳效果字

巧克力广告

计算机"十二五"精品图书

中文版 Photoshop CS5 平面设计

案例教程

主　编　史焕辽　易雅琼　丘　瑾
副主编　李　杰　李轶欧　孟　华　朱　冉

航空工业出版社

北　京

内 容 提 要

Photoshop CS5 是目前最常用的图像处理软件之一，本书采用项目教学方式，通过大量案例全面介绍了该软件的功能和应用技巧。全书共分 9 个项目，内容涵盖 Photoshop CS5 的基础知识和基本操作、创建与编辑选区、编辑图像、绘制与修饰图像、调整图像色彩与色调、应用图层与蒙版、绘制路径和形状、输入与美化文字、应用通道和滤镜等。

本书可作为高等院校、中、高等职业技术院校，以及各类计算机教育培训机构的专用教材，也可供广大初、中级电脑爱好者自学使用。

图书在版编目（ＣＩＰ）数据

中文版 Photoshop CS5 平面设计案例教程／史焕辽，易雅琼，丘瑾主编. -- 北京 ： 航空工业出版社，2012.5
ISBN 978-7-80243-948-1

Ⅰ．①中… Ⅱ．①史… ②易… ③丘… Ⅲ．①平面设计－图象处理软件，Photoshop CS5－教材 Ⅳ. ①TP391.41

中国版本图书馆 CIP 数据核字(2012)第 059933 号

中文版 Photoshop CS5 平面设计案例教程
Zhongwenban Photoshop CS5 Pingmian Sheji Anli Jiaocheng

航空工业出版社出版发行
（北京市安定门外小关东里 14 号　100029）
发行部电话：010-64815615　　010-64978486

北京市科星印刷有限责任公司印刷　　　　全国各地新华书店经售
2012 年 5 月第 1 版　　　　　　　　　　2012 年 5 月第 1 次印刷

开本：787×1092　　　1/16　　　印张：15.75　　　字数：383 千字

印数：1－5000　　　　　　　　　　　　定价：35.00 元

随着社会的发展，传统的教育模式已难以满足就业的需要。一方面，大量的毕业生无法找到满意的工作，另一方面，用人单位却在感叹无法招到符合职位要求的人才。因此，积极推进教学形式和内容的改革，从传统的偏重知识的传授转向注重就业能力的培养，并让学生有兴趣学习，轻松学习，已成为大多数高等院校及中、高等职业技术院校的共识。

教育改革首先是教材的改革，为此，我们走访了众多高等院校及中、高等职业技术院校，与许多教师探讨当前教育面临的问题和机遇，然后聘请具有丰富教学经验的一线教师编写了这套以任务为驱动的"案例教程"丛书。

  本套丛书的特色

（1）**满足教学需要**。各书都使用最新的以任务为驱动的项目教学方式，将每个项目分解为多个任务，每个任务均包含"预备知识"和"任务实施"两个部分：

➢ **预备知识**：讲解软件的基本知识与核心功能，并根据功能的难易程度采用不同的讲解方式。例如，对于一些较难理解或掌握的功能，用小例子的方式进行讲解，从而方便教师上课时演示；对于一些简单的功能，则只简单讲解。

➢ **任务实施**：通过一个或多个案例，让学生练习并能在实践中应用软件的相关功能。学生可根据书中讲解，自己动手完成相关案例。

（2）**满足就业需要**。在每个任务中都精心挑选与实际应用紧密相关的知识点和案例，从而让学生在完成某个任务后，能马上在实践中应用从该任务中学到的技能。

（3）**增强学生学习兴趣，让学生能轻松学习**。严格控制各任务的难易程度和篇幅，尽量让教师在20分钟之内将任务中的"预备知识"讲完，然后让学生自己动手完成相关案例，从而提高学生的学习兴趣，让学生轻松掌握相关技能。

（4）**提供素材、课件和视频**。各书都配有精美的教学课件、视频和素材，读者可从网上下载。

（5）**体例丰富**。各项目都安排有知识目标、能力目标、项目总结、课后作业等内容，从而让读者在学习项目前做到心中有数，学完项目后还能对所学知识和技能进行总结和考核。

 **本套丛书读者对象**

本书可作为高等院校及中、高等职业技术院校，以及各类计算机教育培训机构的专用教材，也可供广大初、中级电脑爱好者自学使用。

本书内容安排

➤ **项目一**：介绍 Photoshop 的入门知识，如 Photoshop CS5 的工作界面，图像文件的基本操作，图像窗口调整方法，辅助工具使用方法，以及前景色和背景色的设置方法等。

➤ **项目二**：介绍创建、编辑和调整选区，以及描边和填充选区的方法。

➤ **项目三**：介绍调整图像大小与分辨率，以及裁切、移动、复制、删除、变换与变形图像的方法，还介绍了操作的撤销与恢复方法。

➤ **项目四**：介绍绘制、修饰和修复图像的方法，包括画笔工具组、仿制图章工具组、修复工具组、历史记录工具组、图章工具组、修饰工具组中各工具的使用方法等。

➤ **项目五**：介绍利用"色阶"、"曲线"、"色相/饱和度"、"色彩平衡"、"替换颜色"、"可选颜色"，以及"去色"、"反相"、"阈值"等命令调整图像色彩与色调的方法。

➤ **项目六**：介绍图层的类型与基本操作，图层样式的设置与编辑方法，图层蒙版和快速蒙版的创建与编辑方法，调整图层和填充图层的创建与编辑方法，以及图层组与剪辑组的创建与应用等。

➤ **项目七**：介绍绘制与编辑形状和路径的方法。

➤ **项目八**：介绍输入与编辑文字，设置文字格式，制作特殊文字效果等的方法。

➤ **项目九**：介绍通道的原理、类型与用途，通道基本操作与应用等。此外，还介绍了滤镜的使用规则与技巧，以及常用滤镜的作用和使用方法等。

 本书教学资料下载

本书配有精美的教学课件和视频，并且书中用到的全部素材都已整理和打包，读者可以登录我们的网站（http://www.bjjqe.com）下载。

 本书的创作队伍

本书由北京金企鹅文化发展中心策划，由史焕辽、易雅琼和丘瑾任主编，由李杰、李轶欧、孟华和朱冉任副主编。尽管我们在写作本书时已竭尽全力，但书中仍会存在这样或那样的问题，欢迎读者批评指正。另外，如果读者在学习中有什么疑问，可登录我们的网站（http://www.bjjqe.com）去寻求帮助，我们将会及时解答。

编　者

2012 年 5 月

目 录

项目一　开始 Photoshop CS5 之旅

Photoshop 是当今世界最流行的一款图像处理软件，被广泛应用于平面广告设计、艺术图形创作、数码照片处理等领域。从本项目开始，我们将带领大家探寻它的奥秘，掌握它的使用方法……

项目二　创建与编辑选区

选区是 Photoshop 所有功能的基础。将图像的某个区域创建为选区，你就可以单独对该区域进行涂抹、复制、移动、变形和变色等操作，而选区外的区域不受任何影响。还犹豫什么呢？赶快为你的相片换个漂亮的背景吧……

项目三　编辑图像

　　图像编辑是 Photoshop 最基本的功能。例如，你可以利用复制或移动功能轻松对图像进行"移花接木"处理，或通过变化、变形等功能，使图像呈现出千姿百态的效果……

项目四　绘制与修饰图像

Photoshop 提供了大量的绘画与修饰工具,利用这些工具不仅可以帮助你绘制各种需要的图像,修复损坏的照片,还能为照片增加一些艺术化的效果……

项目五　调整图像色彩与色调

有时候我喜欢明亮的颜色，它让我心情变得开朗；有时候我喜欢深沉的颜色，它让我变得冷静；有时我喜欢鲜艳的颜色，它让我变得热情……Photoshop，让你在色彩的世界里任意驰骋……

项目六 应用图层与蒙版

图层是 Photoshop 中最为重要和常用的功能之一, Photoshop 强大而灵活的图像处理功能, 在很大程度上都源自它的图层功能……

项目七　绘制路径和形状

利用 Photoshop 的形状与路径功能可以在电脑中轻松绘制出需要的图形。例如，绘制一台卡通电视，或绘制一个卡通企鹅……

项目八　输入与美化文字

文字的编排是平面设计中非常重要的一项内容。利用 Photoshop 中的文字功能，用户可为图像增加具有艺术感的文字，从而增强图像的表现力……

项目九　应用通道和滤镜

　　通道和滤镜是 Photoshop 中的重要功能，利用通道可以对图像的原色进行处理，从而制作出令人惊叹的图像效果；此外，我们还可以利用通道制作选区，以及辅助印刷等；而利用滤镜则可以快速制作出很多特殊的图像效果，如风吹效果、浮雕效果、光照效果……

项目一 开始 Photoshop CS5 之旅

项目描述

  Photoshop 是当今世界最流行的一款图像处理软件，被广泛应用于平面广告设计、艺术图形创作、数码照片处理等领域。从本项目开始，我们将带领大家探寻它的奥秘，掌握它的使用方法。

知识目标

❦ 了解 Photoshop CS5 的应用领域，熟悉 Photoshop CS5 的界面构成。

❦ 掌握图像处理基础知识，如位图与矢量图、像素与图像分辨率、图像颜色模式，以及常用的图像文件格式等。

能力目标

❦ 能够启动和退出 Photoshop CS5，并能够自定义不同的工作界面。

❦ 能够新建、保存、打开和关闭图像文件。

❦ 能够调整图像窗口和切换屏幕显示模式。

❦ 能够放大、缩小与平移视图，以便对图像的细节和整体进行处理。

❦ 能够设置标尺、参考线和网格，以便精确定位对象的位置。

❦ 能够设置前景色和背景色，以便为图像设置颜色。

任务一 认识 Photoshop CS5

任务说明

  为了便于大家学习 Photoshop，首先应了解几个在图像处理过程中最常遇到的术语，如位图与矢量图、像素与图像分辨率等。接着应学习启动与退出 PhotoshopCS5 的方法，并熟悉 PhotoshopCS5 的工作界面。此外，我们还可根据需要自定义不同的工作界面，并将其保存起来，以方便在进行不同的操作时，切换到所需的界面中。

预备知识

一、Photoshop 应用领域

随着 Photoshop 功能的不断强化，它的应用领域也在逐渐扩大，其中：

➢ **在平面设计方面**：利用 Photoshop 可以设计商标、产品包装、海报、样本、招贴、广告、软件界面、网页素材和网页效果图等各式各样的平面作品，还可以为三维动画制作材质，以及对三维效果图进行后期处理等。

➢ **在绘画方面**：Photoshop 具有强大的绘画功能，利用它可以绘制出逼真的产品效果图、各种卡通人物和动植物等。

➢ **在数码照片处理方面**：利用 Photoshop 可以进行各种照片合成、修复和上色等操作。例如，为照片更换背景、为人物更换发型、校正偏色照片，以及美化照片等。

二、图像处理基本知识

1. 位图与矢量图

图像有位图和矢量图之分。严格地说，位图被称为图像，矢量图被称为图形。它们之间最大的区别就是位图放大到一定比例时会变得模糊，而矢量图则不会。

➢ 位图

位图是由许多细小的色块组成的，每个色块就是一个像素，每个像素只能显示一种颜色。像素是构成位图的最小单位，放大位图后可看到它们，这就是我们平常所说的马赛克效果，如图 1-1 所示。

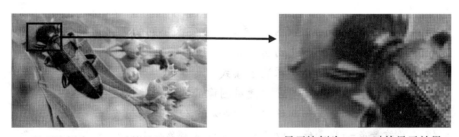

显示比例为 100%时的显示效果　　　　　　显示比例为 400%时的显示效果

图 1-1　位图放大前后的效果对比

日常生活中，我们所拍摄的数码照片、扫描的图像都属于位图。与矢量图相比，位图具有表现力强、色彩细腻、层次多且细节丰富等优点。位图的缺点是文件占用的存储空间大，且与分辨率有关。

➢ 矢量图

矢量图主要是用诸如 Illustrator、CorelDRAW 等矢量绘图软件绘制得到的。矢量图具有占用存储空间小、按任意分辨率打印都依然清晰（与分辨率无关）的优点，常用于设计标志、

插画、卡通和产品效果图等。矢量图的缺点是色彩单调，细节不够丰富，无法逼真地表现自然界中的事物。图 1-2 显示了矢量图放大前后的效果对比。

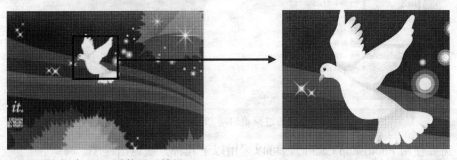

显示比例为 100%时的显示效果　　　　　显示比例为 600%时的显示效果

图 1-2　矢量图放大前后的效果对比

就 Photoshop 而言，其卓越的功能主要体现在能对位图进行全方位的处理。例如，可以调整图像的尺寸、色彩、亮度、对比度，并可以对图像进行各种加工，从而制作出精美的作品。此外，也可利用 Photoshop 绘制一些不太复杂的矢量图。

2．像素与图像分辨率

➢ **像素**：如前所述，像素是组成位图图像最基本的元素，每个像素只能显示一种颜色，共同组成整幅图像。

➢ **图像分辨率**：通常是指图像中每平方英寸所包含的像素数，其单位是"像素/英寸"（pixel/inch，ppi）。一般情况下，如果希望图像仅用于显示，可将其分辨率设置为 72ppi 或 96ppi（与显示器分辨率相同）；如果希望图像用于印刷输出，则应将其分辨率设置为 300ppi 或更高。

> 　　分辨率与图像的品质有着密切的关系。当图像尺寸固定时，分辨率越高，意味着图像中包含的像素越多，图像也就越清晰，相应地，文件也会越大；反之，分辨率较低时，意味着图像中包含的像素越少，图像的清晰度自然也会降低，相应地，文件也会变小。

三、熟悉 Photoshop CS5 工作界面

在了解了 Photoshop 的应用领域和相关概念后，下面我们来学习启动与退出 Photoshop CS5 程序的方法，并了解它的界面中包含了哪些组成元素。

1．启动和退出 Photoshop CS5

安装好 Photoshop CS5 程序后，可使用下面两种方法启动它。

➢ 选择"开始">"所有程序">"Adobe Photoshop CS5"菜单，如图 1-3 所示。

➢ 如果桌面上有 Photoshop CS5 的快捷方式图标 ，双击它即可启动程序。

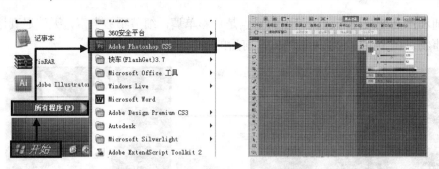

图 1-3　通过菜单启动 Photoshop CS4

当不需要使用 Photoshop CS5 时，可以采用以下几种方法退出程序。

➢　直接单击程序窗口菜单栏右侧的"关闭"按钮 X 。

➢　选择"文件">"退出"菜单。

➢　按【Alt+F4】组合键或【Ctrl+Q】组合键。

2.熟悉 Photoshop CS5 工作界面

图 1-4 所示为 Photoshop CS5 的工作界面，可以看出，其主要由标题栏、菜单栏、工具箱、工具属性栏、图像窗口和调板等组成。

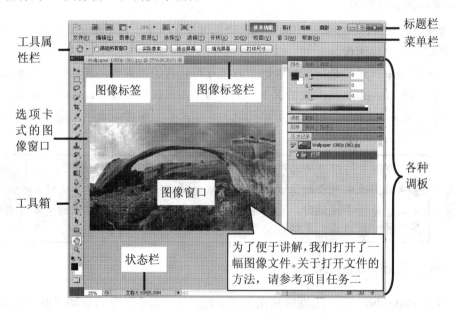

图 1-4　Photoshop CS5 工作界面

➢　**标题栏：**位于界面顶部，其左侧显示了 Photoshop CS5 程序的图标和一些常用工具按钮，最右边是 3 个窗口控制按钮 口 X ，通过单击它们可以将窗口最小化、最大化和关闭，如图 1-5 所示。

➤ **工具箱**：Photoshop CS5 的工具箱中包含了 70 余种工具，如图 1-6 所示。这些工具大致可分为选区制作工具、绘画工具、修饰工具、颜色设置工具及显示控制工具等几类，通过这些工具我们可以方便地编辑图像。

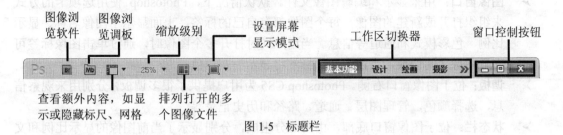

图 1-5　标题栏

一般情况下，要使用某种工具，只需单击该工具即可。另外，部分工具的右下角带有黑色小三角，表示该工具中隐藏着其他的工具。在该工具上按住鼠标左键不放，可从弹出的工具列表中选择其他工具，如图 1-7 所示。

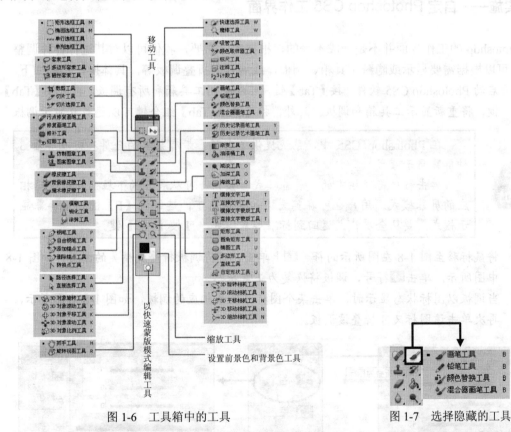

图 1-6　工具箱中的工具　　　　　　　　　图 1-7　选择隐藏的工具

　　　　Photoshop 为每个工具都设置了快捷键，要选择某工具，也可在英文输入法状态下按一下相应的快捷键。将鼠标光标放在某工具上停留片刻，会出现工具提示，其中带括号的字母便是该工具的快捷键。若在同一工具组中包含多个工具，可以反复按【Shift + 工具快捷键】以选择其他工具。

> ➢ **工具属性栏**：当用户从工具箱中选择某个工具后，在菜单栏下方的工具属性栏中会显示该工具的属性和参数，利用它可设置工具的相关参数。自然，当前选择的工具不同，属性栏内容也不相同。

> ➢ **图像窗口**：用来显示和编辑图像文件。默认情况下，Photoshop 使用选项卡的方式来组织打开或新建的图像，每个图像都有自己的标签，上面显示了图像名称、显示比例、色彩模式和通道等信息。当用户同时打开多个图像时，通过单击图像标签可在各图像之间切换，当前图像的标签将显示为灰白色。

> ➢ **调板**：位于图像窗口右侧。Photoshop CS5 为用户提供了很多调板，分别用来观察信息，选择颜色，管理图层、通道、路径和历史记录等。

> ➢ **状态栏**：位于图像窗口底部，由两部分组成，分别显示了当前图像的显示比例和文档大小/暂存盘大小（指编辑图像时所用的空间大小）。用户可在显示比例编辑框中直接修改数值来改变图像的显示比例。

任务实施——自定 Photoshop CS5 工作界面

Photoshop 的工作界面并不是一成不变的，根据实际需要，我们可以对其进行各种调整。例如，可以根据需要显示或隐藏工具箱、调板，或展开与折叠调板等，具体操作步骤如下。

步骤 1 启动 Photoshop CS5 软件，按【Tab】键，可以关闭工具箱和所有调板；再次按【Tab】键，将重新显示工具箱和调板。此外，按【Shift+Tab】组合键可以隐藏或显示调板。

> 在 Photoshop CS5 中，系统提供了全屏、带有菜单的全屏和标准屏幕 3 种屏幕显示模式。
>
> 单击程序标题栏中的"屏幕模式"按钮，可从展开的下拉列表中选择相应的屏幕模式。用户也可在英文输入法状态下，连续按【F】键切换屏幕显示模式。要从全屏模式返回到标准屏幕模式，可按【Esc】键。

步骤 2 将鼠标移至图 1-8 左图所示的符号 ◀◀ 上单击，可将调板折叠成精美的图标，如图 1-8 中图所示。单击 ▶▶ 符号，调板将恢复为正常状态。

步骤 3 当调板以图标状态显示时，单击某个图标可展开相应的调板，如图 1-8 右图所示，再次单击该图标又可折叠该调板。

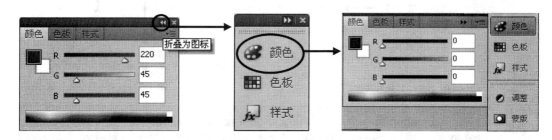

图 1-8　调板的展开与折叠

步骤 4 若想关闭调板，可右键单击调板名称，从弹出的快捷菜单中选择"关闭"菜单项，如图 1-9 所示。若想打开已经关闭的调板，可选择"窗口"菜单中的相应菜单项，如图 1-10 所示。

步骤5 若调板为展开状态，双击调板名称可以最小化调板，再次双击可展开调板。

步骤6 要将当前工作界面恢复为系统默认状态，可单击标题栏右侧的"显示更多工作区和选项"按钮 >>，从展开的列表中选择"复位基本功能"选项即可，如图 1-11 所示。

步骤7 根据需要，用户可以设置在界面中只显示针对某项功能的调板，只需单击标题栏右侧的相应按钮 基本功能 设计 绘画 摄影，或者在图 1-11 所示列表中选择相应选项，或者选择"窗口">"工作区"菜单下的相应选项即可。

步骤8 在根据需要调整工作界面后，还可将该工作界面保存起来，以便下次调用，方法是选择"窗口">"工作区">"新建工作区"菜单，打开"新建工作区"对话框，如图 1-12 左图所示。

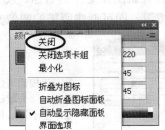

图 1-9　关闭调板　　　　图 1-10　"窗口"菜单　　　图 1-11　复位工作区菜单

步骤9 在"新建工作区"对话框"名称"后的文本框中输入自定义工作界面的名称，单击"存储"按钮即可保存界面。保存好的工作界面将自动出现在"窗口">"工作区"子菜单中，直接选择便可调用，如图 1-12 右图所示。

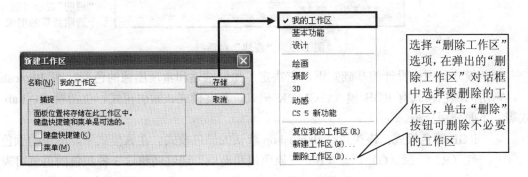

图 1-12　"新建工作区"对话框

任务二 制作第一个平面作品

任务说明

要使用 Photoshop 编辑或创作图像，首先要打开或创建图像文件，然后才能进行相应的编辑操作，最后还应当保存和关闭图像。此外，当同时打开多幅图像文件时，为方便对不同的图像进行编辑，我们还需要切换或排列图像窗口。下面便来学习这些知识。

预备知识

一、Photoshop 文件基本操作

1. 新建文件

要创建图像文件，可选择"文件" > "新建"菜单，或按【Ctrl+N】组合键，此时系统将打开图 1-13 所示的"新建"对话框。用户可在该对话框中设置新图像文件的名称、尺寸、分辨率、颜色模式和背景颜色，设置完成后，单击"确定"按钮，即可创建所需的图像文件。

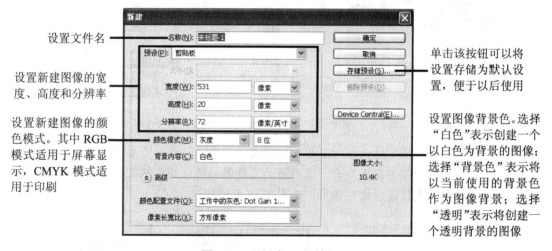

图 1-13　"新建"对话框

颜色模式是图像设计的基础知识，它决定了如何描述和重现图像的色彩。在 Photoshop 中，常用的颜色模式有 RGB 模式、CMYK 模式、灰度模式、索引模式、位图模式、Lab 模式等，下面分别介绍。

➢ **RGB 颜色模式**：该模式是 Photoshop 默认的颜色模式。在该模式下，图像的颜色由红（R）、绿（G）、蓝（B）三原色混和而成，通过调整这 3 种颜色的值就可表示不同的颜色。R、G、B 颜色的取值范围均为 0～255，当图像中某个像素的 R、G、

B 值都为 0 时，像素颜色为黑色；R、G、B 值都为 255 时，像素颜色为白色；R、G、B 值相等时，像素颜色为灰色。

➢ **CMKY 颜色模式**：该模式是一种印刷模式，其图像颜色由青（C）、洋红（M）、黄（Y）和黑（K）4 种色彩混和而成。C、M、Y、K 的颜色变化用百分比表示，其取值范围为 0～100%。

> 在 Photoshop 中处理图像时，一般不采用 CMYK 颜色模式，因为该颜色模式下图像文件占用的存储空间较大，并且 Photoshop 提供的很多滤镜都无法使用。因此，如果制作的图像需要用于打印或印刷，可在输出前将图像的颜色模式转换为 CMYK 模式。

➢ **灰度模式**：灰度模式图像只能包含纯白、纯黑及一系列从黑到白的灰色。其不包含任何色彩信息，但能充分表现出图像的明暗信息。

➢ **索引颜色模式**：索引颜色模式图像最多包含 256 种颜色。该模式图像的优点是文件占用的存储空间小，常用作多媒体动画及网页素材。在该颜色模式下，Photoshop 中的多数命令都不可用。

➢ **位图模式**：位图模式图像也叫黑白图像或一位图像，它只包含了黑、白两种颜色。

➢ **Lab 颜色模式**：该模式是目前所有模式中包含色彩范围最广的颜色模式。它以一个亮度分量 L 以及两个颜色分量 a 与 b 来混合出不同的颜色。其中，L 的取值范围为 0～100，a 分量代表由绿色到红色的光谱变化，而 b 分量代表由蓝色到黄色的光谱变化，且 a 和 b 分量的取值范围均为 -128～127。

> Lab 颜色模式是 Photoshop 内部的颜色模式，由于该模式是目前所有颜色模式中包含色彩范围（称为色域）最广的颜色模式，能毫无偏差地在不同系统和平台之间进行交换，因此，该模式是 Photoshop 在不同颜色模式之间转换时常使用的中间颜色模式。
>
> 每种颜色模式能表示的颜色范围称为色域。在前面介绍的三种颜色模式中，Lab 颜色模式的色域>RGB 颜色模式>CMYK 颜色模式。我们在将图像打印出来后，常会看到图像没有在显示器中看起来鲜艳，便是由于 CMYK 颜色模式的色域小于 RGB 颜色模式，因此无法将某些颜色打印出来之故（打印机只能打印 CMYK 颜色）。

2. 保存文件

在编辑图像文件时，为了避免因意外导致正在编辑的信息丢失，需要经常对图像执行保存操作。要保存文件，可选择"文件">"存储"菜单，或按【Ctrl+S】组合键。如果图像为新图像，系统将打开图 1-14 所示的"存储为"对话框。用户可在该对话框中设置文件名、文件格式、文件保存位置等参数，设置好后，单击"保存"按钮即可。

> 在对图像执行第 2 次保存操作时，不会再弹出"存储为"对话框。若用户希望将所编辑的图像以别的名称和位置保存，可以选择"文件">"存储

为"菜单，或者按【Ctrl+Shift+S】组合键，在打开的"存储为"对话框中重新设置文件名和存储位置即可。

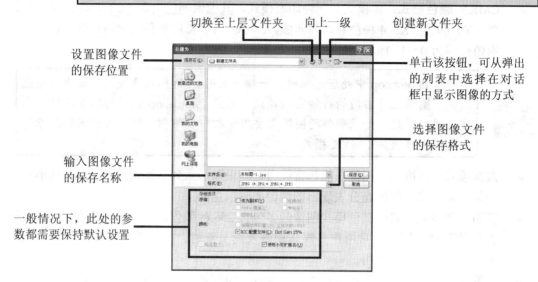

图 1-14　"存储为"对话框

图像文件格式是指在计算机中存储图像文件的方式，每种图像文件格式都有自身的特点和用途，在 Photoshop 中常用的几种图像文件格式如下。

➤ **PSD 格式**（*.psd）：是 Photoshop 专用的图像文件格式，可保存图层、通道等信息。其优点是保存的信息量多，便于修改图像；缺点是文件占用的存储空间较大。

➤ **TIFF 格式**（*.tif）：是一种应用非常广泛的图像文件格式，几乎所有的扫描仪和图像处理软件都支持它。TIFF 格式采用无损压缩方式来存储图像信息，可支持多种颜色模式，可保存图层和通道信息，并且可以设置透明背景。

➤ **JPEG 格式**（*.jpg）：是一种压缩率很高的图像文件格式。由于它采用的是具有破坏性的压缩算法，因此会降低图像的质量。JPEG 格式仅适用于保存不含文字或文字尺寸较大的图像，否则，将导致图像中的字迹模糊。该格式的图像文件主要用于在电脑上显示，或者作为网页素材。

➤ **GIF 格式**（*.gif）：该格式图像最多可包含 256 种颜色，颜色模式为索引颜色模式，文件占用的存储空间较小，支持透明背景，且支持多帧，特别适合作为网页图像或网页动画。

➤ **BMP 格式**（*.bmp）：是 Windows 操作系统中"画图"程序的标准文件格式，此格式与大多数 Windows 和 OS/2 平台的应用程序兼容。由于该格式采用的是无损压缩，因此，其优点是图像完全不失真，缺点是图像文件的尺寸较大。

3．打开文件

要打开现有的图像文件进行处理，可选择"文件">"打开"菜单，或按【Ctrl+O】组合键打开图 1-15 所示的"打开"对话框。在该对话框的"查找范围"下拉列表中选择文件所在的磁盘，在文件列表找到要打开的文件并单击，然后单击"打开"按钮即可。

　　若想同时打开多个文件，可按住【Ctrl】键依次单击文件名，然后单击"打开"按钮即可。此外，双击文件名也可将其打开。

图 1-15　"打开"对话框

　　要打开最近打开过的文件，可选择"文件">"最近打开文件"菜单，该菜单最多可列出最近打开过的 10 个文件供用户选择。

　　打开图像文件还有一种非常方便快捷的方法，就是在图片所在的文件夹中选中该文件，然后将文件直接拖拽到任务栏中 Photoshop 的最小化按钮上，待切换回 Photoshop 程序后，在窗口内释放鼠标即可。

4. 关闭文件

当用户不需要编辑某个图像文件时，可以通过以下几种方式将其关闭。

➤　选择"文件">"关闭"菜单。

➤　按【Ctrl+W】或【Ctrl+F4】组合键。

➤　单击图像窗口右上角的 X 或 × 按钮。

➤　选择"文件">"关闭全部"菜单，可关闭所有打开的图像。

二、切换和排列图像窗口

1. 切换图像窗口

　　默认情况下，在 Photoshop CS5 中新建或打开的图像均以选项卡方式显示，当同时打开多幅图像时，要将某个图像窗口切换为当前窗口，只需单击该图像的标签即可，如图 1-16 所示。

　　当打开图像数量较多，图像窗口标签栏中不能显示所有图像的标签时，可以单击图像标签栏右侧的双箭头 »，在展开的下拉列表中选择需要切换为当前窗口的图像名称。

图 1-16　切换图像窗口

连续按【Ctrl+Tab】组合键可以按照从左到右的顺序依次切换图像窗口；按【Ctrl+Shift+Tab】组合键则可以按照相反的顺序切换图像窗口。

要将某选项卡式图像窗口设置为浮动式，只需将鼠标指针移至该图像窗口标签上，按住鼠标左键将其从图像标签栏中拖出，然后释放鼠标即可。

要将某浮动式图像窗口切换为当前窗口，只需单击该图像窗口的任意位置即可。此外，默认情况下，单击图像窗口的标题栏并拖动可移动其位置；若将图像窗口拖至图像窗口标签栏中，可将图像窗口转换为选项卡形式。

2．排列图像窗口

若想同时查看多幅图像，可单击 Photoshop 程序标题栏中的"排列文档"按钮，从打开的面板中选择合适的图像窗口排列方式，包括双联、三联、四联、全部水平拼贴等，如图 1-17 左图所示。图 1-17 右图所示为选择"六联"按钮排列效果。

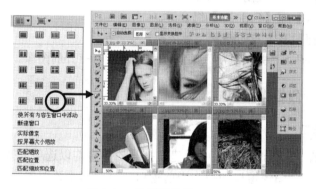

图 1-17　排列图像窗口

任务实施——制作精美插画

本任务中，我们将通过制作图 1-18 所示的插画，来练习 Photoshop CS5 图像文件的基本操作方法。案例最终效果请参考本书配套素材"素材与实例"＞"项目一"文件夹＞"精美插画.psd"文件，具体操作步骤如下。

步骤 1　启动 Photoshop CS5，按【Ctrl+N】组合键，打开"新建"对话框，并参照图 1-19
设置各项参数，然后单击"确定"按钮，创建一个空白图像文件。

 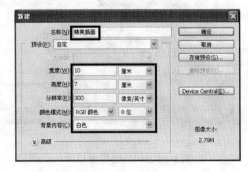

图 1-18　实例效果　　　　　　　　　图 1-19　"新建"对话框

步骤 2　按【Ctrl+O】组合键，打开"打开"对话框，在其中选择本书配套素材"素材与实
例">"项目一"文件夹中的"1.jpg"文件，然后单击"打开"按钮将其打开，如图
1-20 所示。

图 1-20　打开"1.jpg"图像文件

步骤 3　依次按【Ctrl+A】、【Ctrl+C】组合键，全选并复制图像，然后单击"精美插画"图像
标签将其切换为当前窗口，再按【Ctrl+V】组合键，将图像粘贴到"精美插画"图
像窗口中，如图 1-21 所示。

步骤 4　参照与步骤 2～步骤 3 相同的操作方法，打开本书配套素材"项目一"文件夹中的
"2.jpg"文件（参见图 1-22），并复制到"精美插画"图像窗口中。

步骤 5　从工具箱中选择"移动工具"，在蝴蝶图像上按住鼠标左键并向画面右上方拖动，
到图 1-23 所示的位置时释放鼠标。

步骤 6　按【Ctrl+S】组合键，在打开的"存储为"对话框中参考图 1-24 所示设置保存文件
的相关参数，单击"保存"按钮，将文件进行保存。

图 1-21　切换图像窗口并粘贴图像　　　　　图 1-22　打开的"2.jpg"图像文件

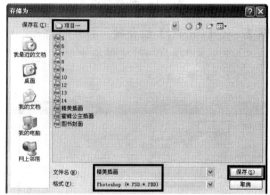

图 1-23　粘贴、移动"2.jpg"图像　　　　　　图 1-24　保存图像

任务三　使用辅助工具

任务说明

在处理图像时，为了能够精确设置对象的位置和尺寸，系统提供了一些辅助工具供用户使用，如缩放工具、平移工具、标尺、参考线和网格等。在制图的过程中，适时使用这些辅助工具，能让操作变得更加快捷。

预备知识

一、使用缩放和平移工具

在处理图像时，通过放大图像的显示比例可以方便地对图像的细节进行处理，而通过缩小图像的显示比例可以方便地观察图像的整体。在 Photoshop CS5 中，缩放和平移视图主要是利用工具箱中的"缩放工具" 🔍、"抓手工具" ✋、菜单命令或"导航器"调板进行的，我们将在任务实施的"任务一"中具体练习其操作方法。

二、使用标尺和参考线

1. 标尺

选择"视图">"标尺"菜单，或按【Ctrl+R】组合键，可在图像的左侧和顶部显示或隐藏标尺，如图 1-25 所示。

默认状态下，标尺原点在图像窗口左上角。根据操作需要，用户可以更改标尺原点位置：将鼠标指针移至水平标尺与垂直标尺的相交处，然后按住鼠标左键不放拖至图像窗口中的适合位置，释放鼠标即可，如图 1-26 所示。

要恢复标尺原点默认位置，只需在水平标尺与垂直标尺的相交处双击鼠标左键即可。

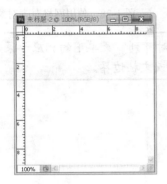
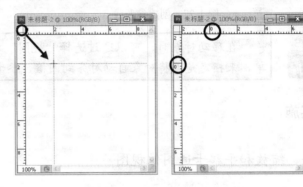

图 1-25　显示标尺　　　　　　　　图 1-26　更改标尺原点

2. 参考线

参考线是浮动在整个图像上却不被打印的直线，主要用来协助对齐和定位图形对象。要创建参考线，只需将鼠标指针放置在水平或垂直标尺上，按住鼠标左键并向图像窗口内拖动，至合适位置后释放鼠标即可，如图 1-27 左图所示，反复操作可创建多条参考线。

此外，也可选择"视图">"新建参考线"菜单，打开"新建参考线"对话框，如图 1-27 右图所示。在对话框中设置参考线的方向和位置，单击"确定"按钮精确创建参考线。

参考线创建好后，还可以对其进行移动、锁定、清除和隐藏等操作，具体如下所示。

➤ **移动参考线**：按住【Ctrl】键或选择"移动工具" ▶⊕，将光标移至参考线上方，当光标呈 ↔ 或 ↕ 形状时，按住鼠标左键并拖动，到合适位置后松开鼠标。

➤ **锁定参考线**：选择"视图">"锁定参考线"菜单，或者按【Alt+Ctrl+;】组合键，可以将参考线锁定，以防止意外移动参考线。重新执行以上操作可解除参考线的锁定。

➤ **删除参考线**：要删除单条参考线，可用"移动工具" ▶⊕ 直接将其拖出画面；要删除所有参考线，可选择"视图">"清除参考线"菜单。

➤ **显示或隐藏参考线**：选择"视图">"显示">"参考线"菜单或按【Ctrl+;】键。

三、使用网格

在处理图像时，借助网格线也可以精确定位对象。选择"视图" > "显示" > "网格"菜单，或按【Ctrl+ ′】组合键可在图像窗口中显示或隐藏网格线，如图 1-28 所示。

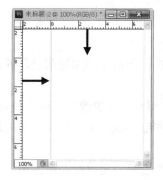
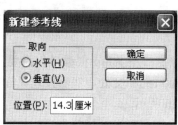

图 1-27　创建参考线　　　　　　　　　　　图 1-28　使用网格对齐对象

在移动对象时，可以通过选择"视图" > "对齐到"菜单下的相应子菜单，来指定是否将对象自动对齐到网格、参考线或文档边界。

任务实施

一、缩放和平移卡通图像视图

下面我们通过调整卡通图像的显示比例，以及平移视图来学习缩放和平移视图的具体操作方法。

步骤 1　打开本书配套素材"素材与实例" > "项目一"文件夹> "3.jpg"文件。在工具箱中选择"缩放工具" 🔍 后，将鼠标光标移至图像窗口中，光标将呈 形状，此时单击鼠标可将图像放大一倍显示。若按住【Alt】键不放，光标将呈 形状，此时在图像窗口中单击鼠标可将图像缩小 1/2 显示。

步骤 2　选择"缩放工具" 🔍 后，在图像窗口按住鼠标左键不放并拖出一个矩形区域，释放鼠标后该区域将被放大至充满窗口，如图 1-29 所示。

步骤 3　选择"视图" > "放大"（快捷键为【Ctrl+ +】）或"缩小"（快捷键为【Ctrl+ -】）菜单，可将图像放大一倍或缩小一倍显示。此外，按【Ctrl+Alt+ -】或【Ctrl+Alt+ +】组合键可以将图像窗口随图像一起缩小或放大。

步骤 4　选择"窗口" > "导航器"菜单，打开"导航器"调板，将光标置于"导航器"调板的滑块 上，按住鼠标左键左右拖动可缩小或放大图像，如图 1-30 所示。此外，单击滑块左侧的 按钮，可将图像缩小 1/2 显示；单击滑块右侧的 按钮，可将图像放大一倍显示。

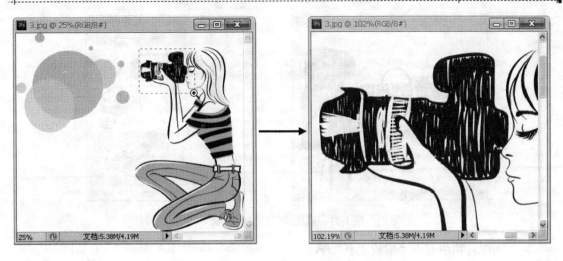

图 1-29　局部放大图像

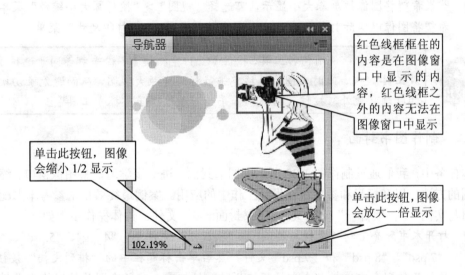

图 1-30　利用"导航器"调板缩放图像

步骤5　若图像的显示大小超出当前图像窗口，在图像窗口的右侧或下方将出现垂直或水平滚动条。此时，我们可拖动滚动条中的滑块来移动图像的显示区域。

步骤6　选择工具箱中的"抓手工具"，光标呈形状，此时在图像窗口中按住鼠标左键拖动光标也可改变图像显示区域，如图 1-31 左图所示。

步骤7　此外，还可以使用"导航器"调板来改变图像显示区域，方法是将光标移至"导航器"调板的红色线框内，然后按下鼠标左键并拖动即可，如图 1-31 右图所示。

步骤8　如果希望将图像按 100% 比例显示（当 100% 显示图像时，用户看到的是最真实的图像效果），可通过以下几种方法实现：

图 1-31　移动图像的显示区域

- ➤ 在工具箱中双击"缩放工具"🔍。
- ➤ 选择"缩放工具"🔍后，右击图像窗口，从弹出的快捷菜单中选择"实际像素"。
- ➤ 选择"视图">"实际像素"菜单，或者按【Ctrl+1】组合键。

步骤 9　如果希望将图像按屏幕大小显示，可选择"视图">"按屏幕大小缩放"菜单；如果希望将图像以实际打印尺寸显示，可选择"视图">"打印尺寸"菜单。

> 　　无论当前使用何种工具，按住【Ctrl+空格键】不松手都等同于选择了"缩放工具"🔍，此时在图像区域单击鼠标即可放大视图，从而避免了切换工具的麻烦；此外，按住空格键不松手等同于选择了"抓手工具"✋。

二、制作图书封面

　　本任务中，我们通过制作图 1-32 所示的图书封面，进一步学习调整图像窗口、缩放与平移视图的方法，以及标尺和参考线在设计工作中的应用。案例最终效果请参考本书配套素材"素材与实例">"项目一"文件夹>"图书封面.psd"文件，具体操作步骤如下。

步骤 1　打开本书配套素材"素材与实例">"项目一"文件夹>"4.jpg"、"5.psd"、"6.psd"、"7.psd"、"8.psd"和"9.psd"文件，然后单击标题栏中的"排列文档"按钮▦▾，从打开的列表中选择"全部按网格拼贴"按钮▦，将所有图片按网格方式排列，效果如图 1-33 所示。

图 1-32　实例效果　　　　　　　　图 1-33　按网格方式排列图像

步骤 2　单击并拖动"4.jpg"图像标签将其拖出选项卡，将其设置为浮动状态，然后按【Ctrl+R】组合键显示标尺。

步骤 3　在封面的上下左右距边缘 3mm 处各拖出 1 条参考线，标示出血参考线；然后依次选择"视图">"新建参考线"菜单，利用打开的"新建参考线"对话框分别在顶部标尺 14.3cm 和 15.3cm 处各放置一条垂直参考线，标示出书脊，如图 1-34 所示。

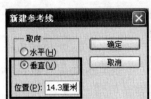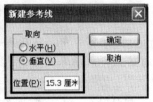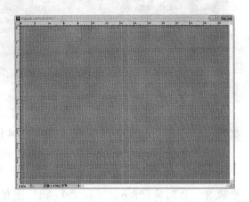

图 1-34　设置出血和书脊参考线

步骤 4　继续用"新建参考线"对话框在顶部标尺 13.3cm 处创建一条垂直参考线，在左侧标尺 20cm 处创建一条水平参考线，如图 1-35 所示。

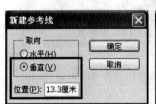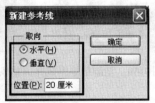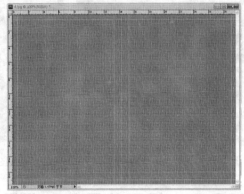

图 1-35　设置放置条形码位置的参考线

步骤 5　按【Ctrl+R】组合键隐藏标尺。切换到"5.psd"图像窗口，依次按【Ctrl+A】、【Ctrl+C】组合键，全选并复制图像。再切换到"4.jpg"图像窗口，按【Ctrl+V】组合键粘贴图像，如图 1-36 所示。

步骤 6　参照与步骤 6 相同的操作方法，将"6.psd"图像复制粘贴到"4.jpg"图像窗口中，并使用"移动工具" 调整树叶图像的位置，如图 1-37 所示。

| 图 1-36　复制风景图像 | 图 1-37　复制并移动树叶图像 |

步骤 7　将 "7.psd" 图像复制粘贴到 "4.jpg" 图像窗口中，然后用 "移动工具" 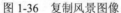移动文字并使 "同心出版社" 字样的顶部与第二条水平参考线对齐，再调整文字在封面区域左右居中，如图 1-38 所示。

步骤 8　分别将 "8.psd" 和 "9.psd" 图像复制粘贴到 "4.jpg" 图像窗口中，用 "移动工具"调整条形码图像的位置，使白色方框的底边与第二条水平参考线对齐，方框右边与第二条垂直参考线对齐，如图 1-39 右图所示。最后按【Ctrl+;】组合键隐藏参考线，查看封面效果。这样，一个图书封面就制作完成了。

| 图 1-38　调整文字与参考线对齐 | 图 1-39　复制粘贴图像并调整条形码与参考线对齐 |

任务四　设置前景色和背景色

任务说明

用户在编辑图像时，其操作结果与当前设置的前景色和背景色有着非常密切的联系。例如，使用画笔、铅笔及油漆桶等工具在图像窗口中进行绘画时，使用的是前景色；在利用橡皮工具擦除图像窗口中的背景图层时，则使用背景色填充被擦除的区域。

预备知识

一、使用前景色和背景色工具

在 Photoshop 的工具箱中，系统提供了前景色和背景色设置工具，分别用于显示和设置当前使用的前景色和背景色，如图 1-40 所示。

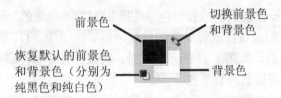

前景色

切换前景色和背景色

恢复默认的前景色和背景色（分别为纯黑色和纯白色）

背景色

图 1-40　工具箱中的前景色和背景色设置工具

在英文输入法状态下，按【D】键可将前景色和背景色恢复成默认的黑色和白色；按【X】键可快速切换前景色和背景色

单击工具箱中的前景色或背景色工具，如单击前景色工具，将打开"拾色器（前景色）"对话框，拖动光谱滑块选择基本的颜色区域，然后在颜色选择区单击选择颜色，最后单击"确定"按钮即可将所选颜色设置为前景色，如图 1-41 所示。

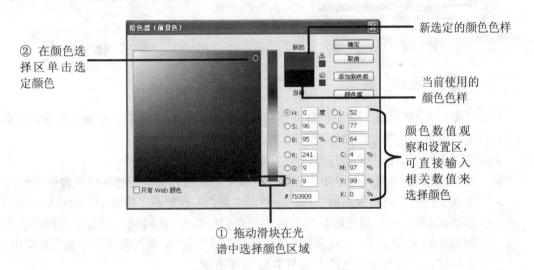

② 在颜色选择区单击选定颜色

新选定的颜色色样

当前使用的颜色色样

颜色数值观察和设置区，可直接输入相关数值来选择颜色

① 拖动滑块在光谱中选择颜色区域

图 1-41　"拾色器（前景色）"对话框

- **溢色警告标志⚠**：当所选颜色超出了印刷或打印的颜色范围时，在对话框中色样的右侧将出现一个溢色警告标志⚠，其下方的小方块显示了与所选颜色最接近的印刷色，即 CMYK 颜色。单击溢色警告标志⚠，可选定该 CMYK 颜色。
- **Web 调色板颜色警告标记**：Web 颜色是指能在不同操作系统和不同浏览器中安全显示的 216 种颜色。如果指定的颜色超出 Web 颜色的范围，则会出现 Web 调色板颜色警告标记，单击该标记可选择与指定颜色最相近的 Web 颜色。此外，勾选"只有 Web 颜色"复选框，则光谱及颜色选择区将只显示 Web 颜色，从而方便用户选择用于 Web 图像的颜色。

➢ "颜色库"按钮：单击"颜色库"按钮，将打开"颜色库"对话框，用户可从中选择想要采用的 CMYK 颜色，从而为印刷提供方便。

二、使用"颜色"调板

利用"颜色"调板也可设置前景色或背景色。选择"窗口">"颜色"菜单，或者按【F6】键，打开"颜色"调板。单击前景色或背景色颜色框，然后拖动 R、G、B 滑块或直接输入数值可以设置前景色或背景色，如图 1-42 所示。此外，将鼠标光标移至颜色样板条上，当光标呈 ✐ 形状时单击也可设置前景色和背景色。

单击"颜色"调板右上角的 ▼ 按钮，可从打开的调板菜单中选择滑块及颜色样板条的颜色模式，如图 1-43 所示。

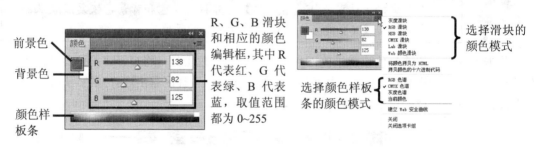

图 1-42 "颜色"调板　　　　图 1-43 "颜色"调板菜单

三、使用"色板"调板

选择"窗口">"色板"菜单，打开"色板"调板，其中存储了系统预先设置好的颜色或用户自定的颜色。使用方法如下：

➢ 在"色板"调板中单击任意色块，可将其设置为前景色。

➢ 按住【Ctrl】键的同时单击"色板"调板中的任意色块，可将其设置为背景色。

➢ 要在"色板"调板中添加色样，先利用"颜色"调板或"拾色器"对话框设置好要添加的颜色，然后将光标移至调板中的空白处单击（此时光标变为油漆桶形状 🖌），如图 1-44 左图所示。在打开的"色板名称"对话框中，输入色样名称或直接单击"确定"按钮，即可添加色样，如图 1-44 右图所示。

➢ 要删除某颜色，只需将鼠标光标移至某颜色块上，按住鼠标左键并拖至调板底部的 🗑 按钮上即可。此外，将鼠标光标移至要删除的颜色块上，按住【Alt】键，当光标呈剪刀状 ✂ 时，单击鼠标也可删除该颜色，如图 1-45 所示。

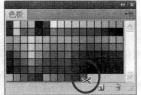

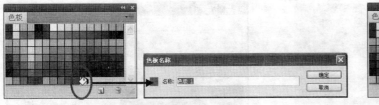

| 图 1-44 添加颜色 | 图 1-45 删除颜色 |

四、使用吸管工具

利用"吸管工具" ![](可以从图像中获取颜色并将其设置为前景色或背景色。

打开一幅图像，在工具箱中选择"吸管工具" ![](，然后在需要取样的位置单击，即可将单击处的颜色设置为前景色，如图 1-46 左图所示；若按住【Alt】键单击，则可将单击处的颜色设置为背景色，如图 1-46 中图所示。

用户还可以利用图 1-46 右图所示的"吸管工具" ![](属性栏设置取样大小。默认情况下，"吸管工具" ![](仅吸取光标下一个像素的颜色，也可选择"3×3 平均"或"5×5 平均"等选项，扩大取样像素的范围。

  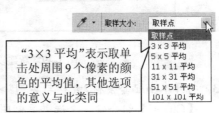

"3×3 平均"表示取单击处周围 9 个像素的颜色的平均值，其他选项的意义与此类同

图 1-46 在图像中吸取颜色

任务实施——制作蜜蜂公主插画

本任务中，我们通过制作图 1-47 所示的蜜蜂公主图像，学习前景色和背景色的设置方法。案例最终效果请参考本书配套素材"素材与实例">"项目一"文件夹>"蜜蜂公主插画.jpg"文件，具体操作步骤如下。

步骤 1 单击工具箱中的背景色设置工具，在打开的"拾色器（背景色）"对话框中设置背景色为湖蓝色（#6fc5c7），如图 1-48 所示。

步骤 2 按【Ctrl+N】组合键打开"新建"对话框，并参照图 1-49 所示设置参数，创建一个新文件。

图 1-47　实例效果　　　　　　　　　　　图 1-48　"新建"对话框

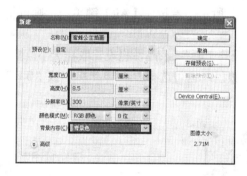

图 1-49　新建以背景色为填充的新文档

步骤 3　打开本书配套素材"素材与实例">"项目一"文件夹>"10.psd"文件，依次按【Ctrl+A】、
【Ctrl+C】组合键，全选并复制图像，如图 1-50 左图所示。

步骤 4　切换到新文件窗口，按【Ctrl+V】组合键粘贴图像，效果如图 1-50 右图所示。

步骤 5　打开"颜色"调板，设置前景色为深红色，背景色为浅蓝色，如图 1-51 所示。

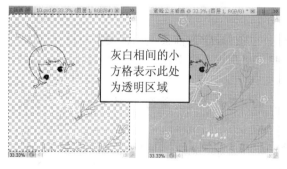

灰白相间的小
方格表示此处
为透明区域

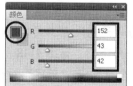

图 1-50　打开图像并复制　　　　　　　图 1-51　利用"颜色"调板设置前景色和背景色

步骤 6　选择工具箱中的"油漆桶工具" ，将鼠标光标移动到女孩的头发上单击为其填充
前景色；按【X】键切换前景色和背景色，继续利用"油漆桶工具" 填充翅膀，
效果如图 1-52 所示。

步骤 7　打开"色板"调板，从颜色列表中选择所需的颜色将其设为前景色，然后使用"油漆桶工具" 分别为图像其他部分填充颜色，效果如图 1-53 所示。至此，一幅漂亮的插画就完成了。按【Ctrl+S】组合键，将文件进行保存。

图 1-52　为头发和翅膀上色

图 1-53　为图像其他部分上色

任务五　神奇的 Photoshop 图层

任务说明

在 Photoshop 中，图层是一个非常重要的功能。用户在编辑图像时，执行的所有操作都与图层有着密切的联系。因此，为方便用户后续的学习，我们先对图层作一个简单的剖析。

预备知识

我们可以将图层想像为透明的玻璃，每层玻璃上都有不同的画面，将多层玻璃叠加在一起就能构成一幅完整的图像。例如，打开本书配套素材"项目一"文件夹中的"11.psd"图像文件，可以看到该卡通头像由眼睛、腮红和脸图层组成，如图 1-54 所示。

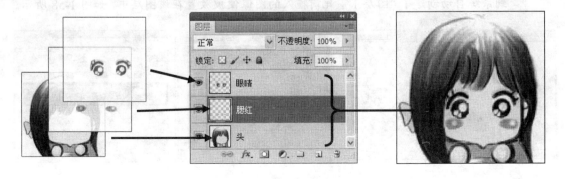

图 1-54　"图层"分析图

在 Photoshop 中，每个图像都由一个或多个图层组成，图层与图层之间是相互独立的，当对某一图层（在"图层"调板中单击选中该图层）进行操作时，不会影响到其他图层，这就方便我们对图像进行处理。此外，利用图层还可以方便地制作各种特殊图像效果。可以说图层是 Photoshop 的灵魂，是 Photoshop 强大功能的体现。

任务实施——制作化妆品广告

关于图层的具体操作和应用，本书项目六会详细介绍。下面我们将通过制作如图 1-55 所示的化妆品广告，让大家了解图层的作用与简单操作。案例最终效果请参考本书配套素材"素材与实例" > "项目一"文件夹> "化妆品广告.jpg"文件，具体操作步骤如下。

步骤 1　启动 Photoshop，将背景色设为粉红色（#f4adcb），然后新建一文档，参数设置如 1-56 所示。

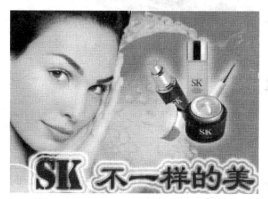

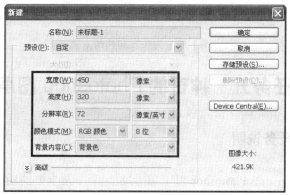

图 1-55　化妆品广告效果图　　　　　　　　图 1-56　新建文档

步骤 2　打开本书配套素材"素材与实例" > "项目一"文件夹> "12.psd"文件，在工具箱中选择"移动工具" ，然后将鼠标光标放在"12.psd"图像窗口中，按住鼠标左键并拖动，至新建图像窗口后释放鼠标，如图 1-57 所示（执行该操作前需分别拖动这两个图像文件窗口的标签，将图像窗口设置为浮动式）。

步骤 3　继续使用"移动工具" 后将图像移动到合适位置。此时在"图层"调板中可以看到系统自动创建了"图层 1"，此前拖入的图像便被放置在该图层中，如图 1-58 所示。

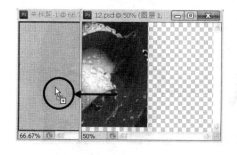

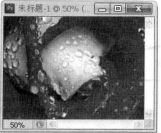

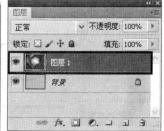

图 1-57　移动对象至新建图像窗口　　　　　图 1-58　移动对象至合适位置

步骤4 打开本书配套素材"素材与实例">"项目一"文件夹>"13.psd"、"14.psd"和"15.psd" 文件，参考步骤2和步骤3中的方法分别将它们移动到新建的图像窗口中，并置于 合适的位置，如图 1-59 左图所示。此时"图层"调板中的图层分布情况如图 1-59 右图所示。

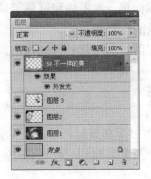

图 1-59　移动对象至新建图像窗口

步骤5 单击"图层1"将其置为当前层，然后将其不透明度设置为40%，如图 1-60 左图所 示，最终效果如图 1-60 右图所示。

图 1-60　调整图层不透明度

在图像窗口中进行的操作通常都是针对当前图层进行的。我们将在后面 项目中学习的编辑、绘制和修饰图像，以及调整图像色彩等都是如此。

项目总结

通过学习本章内容，读者应该重点掌握以下知识。

➤ 了解位图与矢量图、像素与图像分辨率、图像颜色模式，以及常用的图像文件格式 等概念。

➤ 了解 Photoshop CS5 的工作界面组成，以及各组成部分的作用。此外，还应掌握调 整工作界面的方法。例如，按【Tab】键，可以关闭或打开工具箱和所有调板。

➤ 掌握新建、保存、打开和关闭图像文件的方法。

➤ 掌握切换、排列图像文件窗口的方法，这是处理图像时最常用的操作。

➤ 掌握放大图像显示比例的方法，从而方便对图像的细节进行处理；掌握缩小图像显示比例的方法，从而方便观察图像的整体。同时，还应掌握用平移工具对图像进行移动的方法。

➤ 掌握标尺、参考线和网格等辅助工具的用法，从而方便在处理图像时能够精确设置对象的位置和尺寸。

➤ 了解前景色和背景色的作用，掌握设置前景色和背景色的各种方法。

课后操作

1. 打开本书配套素材"项目一"文件夹中的"16.jpg"、"17.psd"和"18.psd"图像文件，将心形和动物图像复制到底色图像中并利用"移动工具" 移动到合适的位置，如图 1-61 所示。

图 1-61　合成图像

2. 打开本书配套素材"项目一"文件夹中的"19.psd"图像文件，根据本项目所学内容为图像填充自己喜欢的颜色。

项目二 创建与编辑选区

项目描述

选区是 Photoshop 的一项非常重要的功能，Photoshop 的大多数操作都是基于选区进行的。例如，要对图像的局部进行处理，需要先通过各种途径将其选中，也就是说创建选区，再进行移动、复制、填充与描边等操作。在本项目中，我们将学习在 Photoshop CS5 中创建选区的方法和技巧。

知识目标

- 了解选框工具组、套索工具组、魔棒工具、快速选择工具和色彩范围命令的用途与区别，并掌握它们的使用方法。
- 掌握编辑、存储、载入，以及填充与描边选区的操作。

能力目标

- 能够使用选框工具组创建规则选区，使用套索工具组创建不规则选区，以及使用魔棒工具、快速选择工具和色彩范围命令创建颜色相似选区。
- 能够对选区进行羽化、移动、扩展、扩边、收缩、平滑、扩大选取和选取相似等调整；并且能够对选区进行存储和载入操作。
- 能够对选区进行描边与填充操作。
- 能够综合利用各种创建和调整选区的方法处理图像，如制作广告、处理相片等。

任务一 创建普通选区

任务说明

用选框工具组（包括矩形选框工具、椭圆选框工具、单行选框工具和单列选框工具）可创建规则选区，用套索工具组（包括套索工具、多边形套索工具和磁性套索工具）可创建不规则选区。在图像处理过程中，可利用这些工具创建选区，并配合选框工具栏对选区进行各种运算、羽化、消除锯齿等操作。

预备知识

一、使用选框工具

利用"矩形选框工具" ⬚、"椭圆选框工具" ◯、"单行选框工具" ⬚和"单列选框工具" ⬚（参见图2-1），可以创建规则的矩形、椭圆、单行和单列选区。

1．使用矩形和椭圆选框工具

这两个工具的使用很简单，打开本书配套素材"项目二"文件夹中的"1.jpg"图片，在工具箱中选择相应的工具后，将鼠标光标移至图像窗口中，按住鼠标左键不放并拖动，释放鼠标即可创建矩形或椭圆选区，如图2-2所示。

利用"矩形选框工具" ⬚和"椭圆选框工具" ◯绘制选区时，按住【Shift】键的同时拖动鼠标，可创建正方形和圆形选区；按住【Alt】键拖动鼠标可创建以起点为中心的矩形或椭圆形选区；按住【Shift+Alt】键并拖动鼠标可以创建以起点为中心的正方形或圆形选区。

2．使用单行和单列选框工具

打开本书配套素材"项目二"文件夹中的"2.jpg"图片，选择"单行选框工具" ⬚或"单列选框工具" ⬚，在图像中单击，可创建宽度为1像素或高度为1像素的选区。如果按住【Shift】键多次单击，则可创建多个单行或单列选区，图2-3所示为利用这两个工具创建选区，然后按【Delete】键删除选区图像得到抽线图效果。

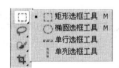  

图2-1　规则选区工具　　　　图2-2　绘制矩形和椭圆选区　　　　图2-3　抽线图效果

利用"单行选框工具" ⬚或"单列选框工具" ⬚创建选区时，其工具属性栏中的"羽化"值必须为0，否则无法创建选区。

二、选框工具属性栏

在 Photoshop 中，各种选框工具的属性栏中的选项大致相同，下面以"矩形选框工具" ⬚的属性栏（如图2-4所示）为例进行介绍。

图 2-4　"矩形选框工具"属性栏

➤ 选区运算按钮：用于控制选区的增减与相交以获得新选区，具体用法如下。

(1) 新选区：选中该按钮，表示在图像中创建新选区后，原选区将被取消。

(2) 添加到选区：选中该按钮或按住【Shift】键，在原选区上继续绘制选区，释放鼠标后，新选区与原有选区合并成新选区，如图 2-5（a）所示。

(3) 从选区减去：选中该按钮或按住【Alt】键，在原选区上绘制选区，释放鼠标后新选区与原有选区若有重叠区域，系统将从原有选区中减去重叠区域，如图 2-5（b）所示。

(4) 与选区交叉：选中该按钮，表示创建的选区与原有选区的重叠部分成为新选区，如图 2-5（c）所示。

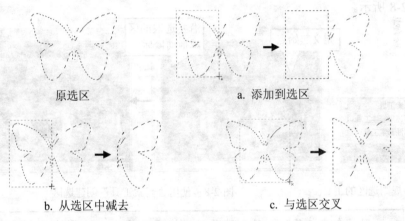

图 2-5　选区的添加、相减与相交操作示意图

➤ **羽化**：在该编辑框中输入数值可以控制选区边缘的柔和程度。其取值范围在 0~250 像素之间，值越大，在对羽化后的选区图像进行填充、移动或删除操作时，选区内图像的边缘就越柔和，如图 2-6 所示。

读者可打开"项目二"文件夹中的素材图片"6.jpg"进行操作

图 2-6　设置不同羽化值并移动选区内的图像得到的羽化效果

➤ **消除锯齿**：该复选框只在选择"椭圆选框工具"后才可用，其主要作用是消除选区边缘的锯齿，使其变得平滑。

> **样式**：在该选项的下拉列表中选择"正常"，可通过拖动的方法选择任意尺寸和比例的区域；选择"固定比例"或"固定大小"选项，系统将以设置的宽度和高度比例或大小定义选区，其比例或大小都由工具属性栏中的宽度和高度编辑框设置。

三、使用套索工具

利用"套索工具" ⯑、"多边形套索工具" ⯑ 和"磁性套索工具" ⯑（参见图 2-7），可以在图像中创建各种不规则选区。

1. 使用套索工具

使用套索工具可创建任意形状的选区。打开本书配套素材"项目二"文件夹中的"3.jpg"图片，选择工具箱中的"套索工具" ⯑，将鼠标光标移至希望选取的区域的合适位置，然后按住鼠标左键不放，沿要选取区域的轮廓移动鼠标光标，当到达起始点时释放鼠标即可创建选区，如图 2-8 所示。

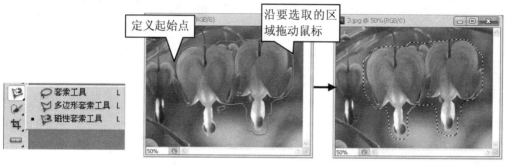

图 2-7　创建不规则选区的工具　　　　　图 2-8　使用"套索工具"创建选区

用"套索工具" ⯑绘制选区时，按【Esc】键可以取消正在创建的选区；若鼠标未拖至起点，松开鼠标后，系统会自动用直线将起点和终点连接，形成一个封闭的选区。

2. 使用多边形套索工具

利用"多边形套索工具" ⯑可以定义一些像三角形、五角星等棱角分明，边缘呈直线的多边形选区。打开本书配套素材"项目二"文件夹中的"4.jpg"图片，选择"多边形套索工具" ⯑，在图像窗口中单击定义起点，再将鼠标光标移至另一点后单击鼠标定义第二点，依此类推，直至返回起点，当光标呈⯑形状时单击鼠标左键即可形成一个封闭的选区，如图 2-9 所示。

使用"多边形套索工具" ⯑时，按住【Shift】键可沿垂直、水平或 45 度方向定义边线；按【Delete】键可取消最近定义的边线；按住【Delete】键不放，可以依次取消所有定义的边线；按【Esc】键可同时取消所有定义的边线。若终点未与起始点重合，双击鼠标或按住【Ctrl】键的同时单击鼠标左键也可创建封闭选区。

图 2-9 利用"多边形套索工具"创建选区

3. 使用磁性套索工具

利用"磁性套索工具"，系统会自动对光标经过的区域进行分析，找出图像中不同对象之间的边界，并沿着该边界制作出需要的选区。

打开本书配套素材"项目二"文件夹中的"5.jpg"图片，选择工具箱中的"磁性套索工具"，将光标移至图像中并在要选择图像的边缘上单击鼠标左键定义起始点，然后沿要选取的图像边缘移动鼠标，当光标返回起始点时光标呈形状，单击鼠标即可完成选区的创建，如图 2-10 所示。

图 2-10 使用"磁性套索工具"创建选区

选择"磁性套索工具"后，其工具属性栏如图 2-11 所示，其中各选项意义如下。

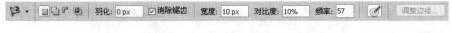

图 2-11 "磁性套索工具"属性栏

➢ **宽度**：用于设置利用"磁性套索工具"定义边界时，系统能够检测的边缘宽度，其值在 1～256 像素之间，值越小，检测范围越小。

➢ **对比度**：用于设置套索的敏感度，其值在 1%～100% 之间，值越大，对比度越大，边界定位也就越准确。

➢ **频率**：用于设置定义边界时的节点数，其取值范围在 0～100 之间，值越大，产生的节点也就越多。

➢ **"钢笔压力"**：设置绘图板的笔刷压力，该参数仅在安装了绘图板后才可用。

> 利用"磁性套索工具" 💬 选取图像时，在鼠标光标未到达起点时双击鼠标可以自动闭合选区；按【Delete】键可删除最近定义的边线。
>
> "套索工具"、"多边形套索工具"和"磁性套索工具"的快捷键是【L】键，反复按键盘上的【Shift+L】组合键可以在三者间切换。

任务实施——制作艺术化相片

下面，我们将通过制作图 2-12 所示的艺术化相片，练习创建与羽化选区的方法。案例最终效果请参考本书配套素材"素材与实例">"项目二"文件夹>"艺术化相片.psd"文件。

图 2-12　艺术化相片效果

制作思路

首先打开素材文件，分别使用"矩形选框工具"、"磁性套索工具"和 "椭圆选框工具"制作人物或花朵和红心的选区并羽化，然后将选区内的图像复制到背景图像中，即可完成实例制作。

制作步骤

步骤 1　打开本书配套素材"素材与实例">"项目二"文件夹>"7.jpg"、"8.jpg"、"9.jpg"和"10.jpg"图像文件，然后分别拖动各图像窗口的标签，将各图像窗口从选项卡式设为浮动式（这样做的目的是方便后面在不同的图像窗口之间移动图像），如图 2-13所示。

步骤 2　将"8.jpg"图像置为当前窗口，选择"矩形选框工具" ▢，在图像中绘制图 2-14所示的选区。选择"选择">"修改">"羽化"菜单，打开"羽化选区"对话框，在对话框中设置"羽化半径"为 50 像素，单击"确定"按钮，将选区羽化。

图 2-13 打开素材图片并将图像窗口设置为浮动式　　　　图 2-14 选取人物图像

步骤3 按【Ctrl+C】组合键将选区内图像复制到剪贴板。然后将"7.jpg"图像置为当前窗口，按【Ctrl+V】组合键，将剪贴板中的图像粘贴到窗口中。再选择"移动工具" ，单击并拖动图像，将其移至窗口的右下方，效果如图 2-15 所示。

步骤4 将"9.jpg"图像置为当前窗口。选择"磁性套索工具" ，然后沿要选取的图像边缘移动鼠标，选出花朵和红心形图像，如图 2-16 所示。

图 2-15 将选取的人物图像复制到背景图像中　　　　图 2-16 选取花朵和红心图像

步骤5 参考步骤 3 的操作方法，将选区内的图像移动到"7.jpg"图像窗口中，放在合适位置，效果如图 2-17 所示。

步骤6 将"10.jpg"图像置为当前窗口。选择"椭圆选框工具" ，在其工具属性栏中设置"羽化"为 50 像素，然后在图像窗口绘制椭圆选区，框选人物上半部分图像，如图 2-18 所示。

图 2-17　将选取的花朵和红心图像复制到背景图像中　　　图 2-18　选取人物上半部分图像

步骤 7　按【Ctrl+C】组合键将选区内图像复制到剪贴板。然后将 "6.jpg" 图像置为当前窗口，按【Ctrl+V】组合键，将剪贴板中的图像粘贴到窗口中。再选择 "移动工具" ，单击并拖动图像，将其移至窗口的左上角位置，效果如图 2-19 所示。

图 2-19　将选取的人物图像复制到背景图像中

任务二　创建颜色相似选区

任务说明

　　用魔棒工具、快速选择工具和色彩范围命令可创建颜色相同或相似的不规则选区。在处理图片时，可根据需要灵活选用这些工具或命令，然后进行一些简单的编辑操作即可创建选区。

预备知识

一、使用魔棒工具

利用"魔棒工具" 可以选取图像中颜色相同或相近的区域，而不必跟踪其轮廓。

打开本书配套素材"项目二"文件夹中的"11.jpg"图片，选择"魔棒工具" ，在工具属性栏（参见图 2-20）中设置相应的选项，然后在要选择的图像区域中单击鼠标，与单击处颜色相近的区域便会自动被选择；按住【Shift】键在其他位置单击可继续创建选区。图 2-21 所示分别为设置不同的"容差"和"连续"选项，单击图像背景同一位置所得到的选择范围。

> **容差：** 用于设置选取的颜色范围，其值在 0～255 之间。值越小，选取的颜色越接近，选取范围越小，如图 2-21 中间两个图所示。
>
> **连续：** 勾选该复选框，只能选择色彩相邻的连续区域，如图 2-21 中间两个图所示；不勾选该复选框，则可选择图像上所有色彩相近的区域，如图 2-21 右图所示。
>
> **对所有图层取样：** 勾选该复选框，可在所有可见图层上选取相近的颜色；不勾选该复选框，则只能在当前可见图层上选取颜色。

图 2-20　"魔棒工具"属性栏

图 2-21　使用"魔棒工具"创建选区

二、使用快速选择工具

利用"快速选择工具" ，可以使用圆形笔刷快速"画"出一个颜色相近的选区。打开本书配套素材"项目二"文件夹中的"12.jpg"图片，选择"快速选择工具" ，然后在要选取的图像上单击并拖动鼠标，与鼠标拖动位置颜色相近的区域均被选取，如图 2-22 所示。

图 2-22　拖动鼠标创建选区

选择"快速选择工具" 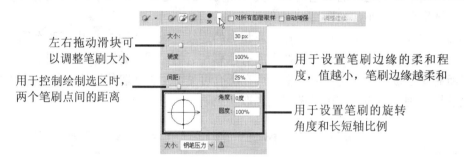 后，其工具属性栏如图 2-23 所示，其中各选项的意义如下。

图 2-23　"快速选择工具"属性栏

> **选区运算按钮** ：用于控制选区的增减。其中，选择"新选区"按钮 表示创建新选区（原有选区消失）；选择"添加到选区"按钮 表示在原有选区的基础上增加选区；选择"从选区减去"按钮 表示在原有选区基础上减去选区。

> **画笔**：单击其右侧的下拉三角按钮 ，可以从弹出的"画笔"选取器中设置笔刷的大小、硬度、间距等属性。

> **自动增强**：勾选该复选框可以使绘制的选区边缘更平滑。

> 利用"快速选择工具" 创建选区时，在英文输入法状态下按键盘中【]】键可增大该工具的笔刷尺寸；按【[】键可缩小笔刷尺寸。在创建选区时若不小心包含了不需要的选区，可选择"从选区减去"按钮 ，或者按住【Alt】键，在需要删除的区域内拖动鼠标即可减少选取区域。

三、使用"色彩范围"命令

利用"色彩范围"命令可以通过在图像中指定颜色来定义选区，并可通过指定其他颜色或增大容差来扩大或减少选区。

步骤1　打开本书配套素材"素材与实例" > "项目二"文件夹> "13.jpg"文件，如图 2-24 所示，下面利用"色彩范围"命令选取其中的黄色小花。

步骤2　选择"选择" > "色彩范围"菜单，打开"色彩范围"对话框，如图 2-25 所示，其中各选项的意义如下。

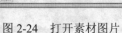

图 2-24 打开素材图片   图 2-25 "色彩范围"对话框

> **选择**：在其下拉列表中可选择定义颜色的方式，其中"取样颜色"选项表示可用"吸
> 管工具"在图像中吸取颜色。其余选项分别表示将选取图像中的红色、黄色、绿色、
> 青色、蓝色、洋红、高光、中间色调和暗调等颜色区域。

> **本地化颜色簇**：指定在以取样点为中心的多大范围内选取颜色，其具体参数在"范
> 围"中设置，数值越大所选取的范围越大，100%表示整幅图像。

> **颜色容差**：设置与取样点颜色相同与相近的颜色范围，数值越小所选取的颜色范围
> 越小、越精确，数值越大所选取的相似的颜色越多。

> **"选择范围"和"图像"单选钮**：用于指定对话框预览区中的图像显示方式（显示
> 选区图像或完整图像）。

> **选区预览**：用于指定图像窗口中的选区预览方式。默认情况下，其设置为"无"，
> 即不在图像窗口显示选择效果。若选择灰度、黑色杂边和白色杂边，则表示在图像
> 窗口中以灰色调、黑色或白色显示未选区域；若选择快速蒙版，则表示以预设的蒙
> 版颜色显示未选区域。

> **吸管工具** ✎ ✎ ✎：✎ 工具用于在图像窗口或对话框的预览区域中单击取样颜色，✎
> 和 ✎ 工具分别用于增加和减少选择的颜色范围。

> **反相**：用于实现选择区域与未被选择区域间的相互切换。

步骤3 将光标移至图像窗口中黄色小花上单击，此时与单击点颜色相近的区域将被选中（对
话框预览区中的白色区域为选区），如图 2-26 右图所示。

图 2-26 取样黄色小花的颜色

步骤4 单击"添加到取样"工具 ✎，然后在花朵中未被选中的区域单击，将单击点相似的

颜色添加到选区中，然后再适当增大"颜色容差"以增大选取范围，直至预览区中
的所选图像完全呈白色显示，如图 2-27 左图所示。

步骤 5 调整满意后，单击"确定"按钮，关闭对话框，选择的结果如图 2-27 右图所示。

图 2-27　调整选取范围及创建好的选区

任务实施——制作电视广告

下面，我们将通过制作图 2-28 所示的电视广告来练习本任务所学知识，案例最终效果请
参考本书配套素材"素材与实例" > "项目二"文件夹 > "电视广告.psd"文件。

制作思路

本例中的电视广告图像是由几张素材图片合成的。制作时，首先打开各素材图片，然后
分别用魔棒、多边形套索、快速选择工具等选区制作工具将各素材中的电视、鸽子、文字和
人物图像制作成选区，并复制到背景图像中，再进行一些简单的编辑操作即可。

制作步骤

步骤 1 打开本书配套素材"素材与实例" > "项目二"文件夹 > "14.jpg"、"15.jpg"、"16.psd"、
"17.jpg"和"18.psd"图片文件，如图 2-29 所示。

图 2-28　电视广告效果图　　　　　　　　　　　图 2-29　打开素材图片

步骤 2 将"14.jpg"图像窗口置为当前窗口，然后选择工具箱中的"魔棒工具" ，在其工
具属性栏中设置"容差"为 50，并勾选"连续"复选框，如图 2-30 所示。

图 2-30 "魔棒工具"属性栏

步骤 3 将鼠标光标移至"14.jpg"图像的背景中单击以选中图像背景,然后按下【Shift+Ctrl+I】组合键,将选区反向选取,从而选中电视图像,如图 2-31 所示。

步骤 4 按【Ctrl+C】组合键复制选区内的图像,然后切换到"15.jpg"图像窗口,按【Ctrl+V】组合键将电视图像复制到该窗口中,并利用"移动工具" 将其放置于图 2-32 所示位置。

步骤 5 在"15.jpg"图像文件窗口中,利用"多边形套索工具" 将电视的屏幕部分制作成选区,按【Delete】键将选区中的内容删除,效果如图 2-33 所示。按【Ctrl+D】组合键取消选区。

图 2-31 创建选区　　　　　图 2-32 组合图像　　　　　图 2-33 创建选区并删除选区图像

步骤 6 将"16.psd"图像窗口置为当前窗口,按【Ctrl+A】组合键全选鸽子图像,然后按【Ctrl+C】组合键复制图像,如图 2-34 左图所示。

步骤 7 切换到"15.jpg"图像窗口,按【Ctrl+V】组合键将鸽子图像粘贴到窗口中,并利用"移动工具" 将其放置于图 2-34 右图所示位置。

图 2-34 复制并移动图像

步骤 8 切换到"17.jpg"图像窗口,利用"快速选择工具" 创建人物图像的选区,如图 2-35 左图所示。

步骤 9 按【Ctrl+C】组合键复制图像,切换到"15.jpg"图像窗口,按【Ctrl+V】组合键将人物图像粘贴到窗口中,并利用"移动工具" 将其放置于图 2-35 右图所示位置。

图 2-35　创建选区、复制并移动图像

步骤 10　将 "18.psd" 图像窗口置为当前窗口，按【Ctrl+A】组合键全选文字图像，然后按【Ctrl+C】组合键复制图像，如图 2-36 左图所示。

步骤 11　切换到 "15.jpg" 图像窗口，按【Ctrl+V】组合键将文字图像粘贴到窗口中，并利用 "移动工具" 将其放置于图 2-36 右图所示位置。到此，实例便完成了。

图 2-36　复制并移动图像

任务三　编辑选区

任务说明

　　在编辑图像时，既可将整幅图像变为选区，也可将其部分区域设为选区；选区创建好后，可以对选区进行各种编辑操作，如取消、反选、扩大选取与选取相似、扩展与边界、平滑、收缩、羽化、移动、缩放、旋转、变形等，从而使选区更加符合实际应用需求。此外，还可以将这个选区保存下来，载入到其他图像中。

预备知识

一、常用的选区编辑命令

1. 选取整幅图像

在编辑图像时，若要选取整幅图像，可选择 "选择" > "全部" 菜单，或者按【Ctrl+A】

组合键。

2.取消/重新选择选区

要想取消已有的选区，可采用以下操作。

➢　选择"选择">"取消选择"菜单，或按【Ctrl+D】组合键。

➢　在图像窗口内单击鼠标右键，从弹出的快捷菜单中选择"取消选择"命令。

取消选区后，选择"选择">"重新选择"菜单，或者按下【Shift+Ctrl+D】组合键可以重新选取。

> **小技巧**　　在编辑选区图像时，为了便于查看效果，还可通过选择"视图">"显示">"选区边缘"菜单，或按【Ctrl+H】组合键来隐藏/显示选区。

3.反选

要将当前图像中的选区与非选区进行相互转换，可采用以下几种方法。

➢　选择"选择">"反选"菜单，或者按【Shift+Ctrl+I】组合键。

➢　在图像窗口内右击鼠标，从弹出的快捷菜单中选择"选择">"选择反向"菜单。

4.扩大选取与选取相似

"选择"菜单中的"扩大选取"和"选取相似"命令都可在原有选区的基础上扩大选区，两者都不设对话框，它们的不同之处如下。

➢　**扩大选取**：可选择与原有选区颜色相近且相邻的区域，如图 2-37 中图所示。

➢　**选取相似**：可选择与原有选区颜色相近但互不相邻的区域，如图 2-37 右图所示。

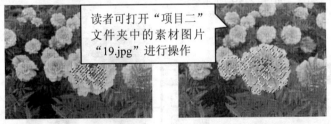

读者可打开"项目二"文件夹中的素材图片"19.jpg"进行操作

原选区　　　　　　　　执行"扩大选取"命令　　　　　　　执行"选取相似"命令

图 2-37　用"扩大选取"与"选取相似"命令选取的结果

> **提示**　　"扩大选取"和"选取相似"命令的使用都受"魔棒工具" 属性栏中"容差"值的影响，容差值越大，选取的范围越广。

二、修改选区

1.扩展选区与边界选区

利用"扩展"命令可以将选区均匀地向外扩展；利用"边界"则可以用设置的宽度值来围绕已有选区创建一个环状的选区。

打开本书配套素材"项目二"文件夹中的"20.jpg"，用"椭圆选框工具" 制作选区，

分别执行如下操作:

➢ 选择"选择">"修改">"扩展"菜单,打开"扩展选区"对话框,在"扩展量"编辑框中输入 1～100 间的整数,单击"确定"按钮可得到扩展的选区,如图 2-38 中图所示。

➢ 选择"选择">"修改">"边界"菜单,打开"边界选区"对话框,在"宽度"编辑框中输入正值或负值,单击"确定"按钮即可得到边界选区,如图 2-38 右图所示。

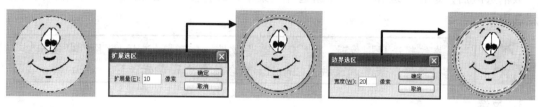

原选区　　　　　　　　　　扩展选区　　　　　　　　　创建边界选区

图 2-38　扩展与边界选区

2. 平滑选区

"平滑"命令用于消除选区边缘的锯齿,使原选区范围变得连续而平滑。通常情况下,用该命令来消除用"魔棒工具" 、"色彩范围"命令定义选区时所选择的一些不必要的零星区域。

打开本书配套素材"项目二"文件夹中的"21.jpg"图片,利用"魔棒工具" 创建选区,然后选择"选择">"修改">"平滑"菜单,在"取样半径"编辑框中输入数值,单击"确定"按钮即可使选区边缘变得平滑,如图 2-39 所示。

图 2-39　用"平滑"命令平滑选区

3. 收缩选区

利用"收缩"命令可以将原选区均匀地向内收缩,并保持选区的形状不变。该命令可制作空心字效果,例如:

步骤1　打开本书配套素材"项目二"文件夹中的"22.jpg"图片,利用"魔棒工具" 将图片中的白色文字制成选区,如图 2-40 左图所示。

步骤2　选择"选择">"修改">"收缩"菜单,打开"收缩选区"对话框,在"收缩量"编辑框中输入 1～100 之间的整数,单击"确定"按钮即可将选区按指定的数值收缩,如图 2-40 中图所示。

步骤3 按【Delete】键删除选区内的图像，再按【Ctrl+D】组合键取消选区，效果如图 2-40 右图所示。

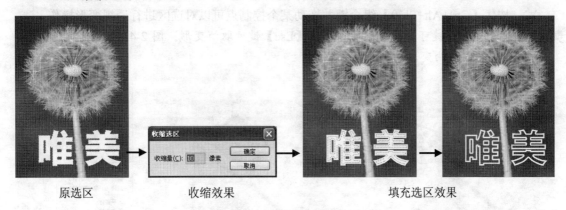

原选区　　　　　收缩效果　　　　　填充选区效果

图 2-40　利用"收缩"命令制作描边字

4. 选区羽化

选区羽化是 Photoshop 处理图像时频繁使用到的一个操作。在对选区内的图像进行删除、复制、移动和粘贴操作前，通过设置选区的羽化，可以得到边缘柔和的图像效果。选区的羽化方法有以下两种。

➢ 制作选区前，先在工具属性栏中设置羽化值，再创建选区，即可得到具有羽化效果的选区。

➢ 制作选区后，选择"选择">"修改">"羽化"菜单，或者按【Shift+F6】组合键，打开图 2-41 所示"羽化"对话框，在"羽化半径"编辑框中输入数值，单击"确定"按钮即可羽化选区。

图 2-41　"羽化选区"对话框

三、变换选区

变换选区是对已有选区进行移动、缩放、旋转和变形等操作。

步骤1 打开"项目二"文件夹中的素材图片"23.jpg"，在图像中任意创建一个选区，如矩形选区，然后选择"选择">"变换选区"菜单，选区的四周将出现一个带有 8 个控制点的变形框，如图 2-42 所示，此时可对选区进行以下变换操作。

➢ 将鼠标光标放置在变形框内，当光标呈▶形状时，按住鼠标左键不放进行拖放可移动选区。

➢ 将鼠标光标移至变形框的控制点"□"上，待光标变为↔、↕、↗或↖形状后单击并拖动可对选区进行缩放。

➢ 将鼠标光标移至变形框外任意位置，待光标呈"↻"形状时，单击并拖动鼠标可以以旋转支点为中心旋转选区。

➢ 按住【Ctrl】键并拖动某个控制点可以对选区进行扭曲变形操作。

➢ 按住【Alt】键并拖动某个控制点可以对选区进行对称变形操作。

> ➤ 按住【Shift】键并拖动某个控制点可按比例缩放选区。
> ➤ 按住【Ctrl+Shift】组合键并拖动某个控制点可以对选区进行斜切变形操作。
> ➤ 按住【Ctrl+Alt+Shift】组合键并拖动某个控制点可以对选区进行透视变形操作。

步骤 2 按【Enter】键可应用变形操作，按【Esc】键可取消变形。图 2-43 所示是对选区进行旋转、扭曲变形等操作后的效果。

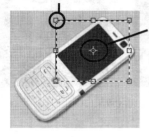
控制点

旋转支点。用鼠标拖动可改变其位置

图 2-42　显示变形框　　　　图 2-43　变换选区效果　　　图 2-44　变换选区的快捷菜单

提示

　　此外，将鼠标光标放置在变形框内，单击鼠标右键将弹出图 2-44 所示的快捷菜单，用户可从中选择需要的命令，然后对选区进行相应的变形操作。

四、储存和载入选区

当我们花费大量时间和精力制作了一个比较精密的选区后，可以将这个选区保存下来，以后使用时，将其载入到图像中即可。下面是具体操作方法。

步骤 1 打开"项目二"文件夹中的素材图片"24.jpg"，利用前面学过的方法将蚂蚁图像制作成选区（图 2-45 左图所示）。制作好选区后，选择"选择">"存储选区"菜单，打开"存储选区"对话框。

步骤 2 在"存储选区"对话框中设置保存选区的文档（一般都保存在原文档中）、名称等选项，如图 2-45 中图所示，设置好后，单击"确定"按钮。保存后的选区将显示在"通道"调板中，如图 2-45 右图所示。保存选区后，将原选区取消。

小技巧

　　制作好选区后，单击"通道"调板底部的"将选区存储为通道"按钮，系统也会创建"Alpha"通道并将选区保存在其中，如图 2-45 左图所示。

图 2-45　利用"通道"调板保存选区

> 保存过选区的图像，应以 psd 或 tif 格式进行存储。如果以 jpg 或 gif 等格式保存，存储的选区仍然会丢失。
>
> **提示**

步骤 3　若要调出前面保存的选区，可选择"选择">"载入选区"菜单，打开图 2-46 所示"载入选区"对话框，在"通道"下拉列表中选择前面保存的选区，单击"确定"按钮即可。

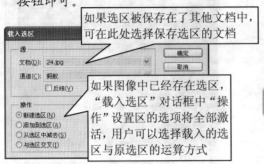

如果选区被保存在了其他文档中，可在此处选择保存选区的文档

如果图像中已经存在选区，"载入选区"对话框中"操作"设置区的选项将全部激活，用户可以选择载入的选区与原选区的运算方式

小技巧

> 按住【Ctrl】键，单击"通道"调板中的通道（或选中保存选区的通道后，单击调板底部的"将通道作为选区载入"按钮），也可载入选区。

图 2-46　载入选区

任务实施——制作手表广告

下面，我们将通过制作图 2-47 所示的手表广告，练习创建与编辑选区的方法。案例最终效果请参考本书配套素材"素材与实例">"项目二"文件夹>"手表广告.psd"文件。

制作思路

首先打开素材文件，使用"矩形选框工具"绘制选区，然后羽化选区并用背景色填充选区，制作广告背景的发光效果；接着分别打开手表和人物两幅素材图片，使用"快速选择工具"和"魔棒工具"等工具将素材中的手表和人物图像选出来并进行羽化，然后将选出来的图像移动到背景图像中；最后载入文字选区并进行斜切变换操作，再对其进行填充与描边。

制作步骤

步骤 1　打开本书配套素材"素材与实例">"项目二"文件夹>"25.jpg"文件，利用"矩形选框工具"在图像窗口的右侧绘制矩形选区，如图 2-48 所示。

图 2-47　手表广告效果图

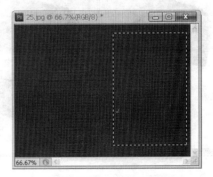

图 2-48　创建矩形选区

步骤 2 按【Shift+F6】组合键，打开"羽化选区"对话框（参见图 2-49），在其中设置"羽化半径"为 80 像素，单击"确定"按钮关闭对话框。

步骤 3 将背景色设置为白色，按两次【Ctrl+Delete】组合键，使用白色填充选区，按【Ctrl+D】组合键取消选区，得到如图 2-50 所示效果。

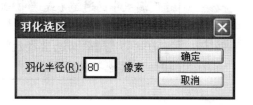

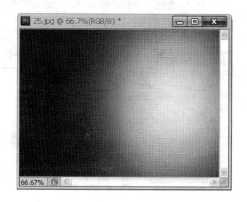

图 2-49　"羽化选区"对话框　　　　　　图 2-50　羽化选区并填充颜色效果

步骤 4 打开本书配套素材"素材与实例"＞"项目二"文件夹＞"26.jpg"文件，然后选择工具箱中的"魔棒工具"，在其工具属性栏中设置"容差"为 50，并勾选"连续"复选框，如图 2-51 所示。

图 2-51　"魔棒工具"属性栏

步骤 5 将鼠标光标移至"26.jpg"图像的背景中单击以选中图像背景，然后按【Shift+Ctrl+I】组合键组合键反向选区以选中手表图像，如图 2-52 所示。

步骤 6 按【Shift+F6】组合键打开"羽化选区"对话框，在其中设置"羽化半径"为 6 像素，单击"确定"按钮关闭对话框，如图 2-53 所示。

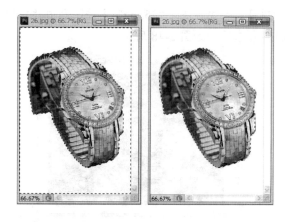

图 2-52　选取手表图像　　　　　　　　图 2-53　羽化选区

步骤 7 按【Ctrl+C】复制选区内的手表图像，然后切换到"25.jpg"图像窗口，按【Ctrl+V】组合键将手表图像复制到该窗口中，并利用"移动工具" ⊕ 将其放置于图 2-54 所示位置。

步骤 8 打开本书配套素材"素材与实例">"项目二"文件夹>"27.psd"文件，选择"魔棒工具" ，在工具属性栏中单击"添加到选区"按钮 ，其他选项保持默认，然后在人物图像的背景上单击，选取背景图像，再按【Shift+Ctrl+I】组合键反向选区以选中人物图像，如图 2-55 右图所示。

图 2-54　复制手表图像　　　　　　　图 2-55　选取人物图像

步骤 9 按【Shift+F6】组合键打开"羽化选区"对话框，在其中设置"羽化半径"为 3 像素，单击"确定"按钮关闭对话框，如图 2-56 左图所示。

步骤 10 按【Ctrl+C】组合键复制选区内的人物图像，然后切换到"20.jpg"图像窗口，按【Ctrl+V】组合键将人物图像复制到该窗口中，并利用"移动工具" ⊕ 将其放置于图 2-56 右图所示位置。

图 2-56　羽化选区并复制图像

步骤 11 切换到"27.psd"图像窗口，选择"窗口">"通道"菜单打开"通道"调板，按住【Ctrl】键单击"通道"调板中的"文字"通道（该通道为在素材文档中已保存的文字选区），载入文字选区，如图 2-57 右图所示。

步骤 12 确保当前在工具箱中选择的是选区制作工具，如选择"矩形选框工具" ，并确保在其工具属性栏中选中的是"新选区"按钮 ，然后将鼠标光标移至文字选区内，待光标呈 形状时，按住鼠标左键并拖动可移动选区，这里我们将文字选区拖至"25.jpg"图像窗口中，如图 2-58 所示。

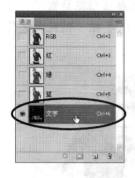
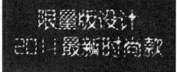

图 2-57　载入选区　　　　　　　　　　　　　　　　图 2-58　移动选区

 提示　在不同图像间移动选区或图像时，需要将图像窗口设置为浮动状态。

 小技巧　按键盘上的【↑】、【↓】、【←】、【→】方向键可再次以 1 像素为单位精确移动选区；按住【Shift】键的同时再按方向键，可再次以 10 像素为单位移动选区。

使用拖动方式移动选区时，如果按下【Shift】键，则只能沿水平、垂直或 45 度方向移动；如果按住【Ctrl】键，则可移动选区中的图像（相当于选择了"移动工具"）。

步骤 13 选择"选择" > "变换选区"菜单，在文字选区的四周显示变形框，然后右键单击变形框，在弹出的快捷菜单中选择"斜切"，再向右拖动变形框上方中间的控制点（图 2-59 右图所示），至满意效果时，按【Enter】键确认斜切操作。按【Ctrl+H】组合键隐藏选区边缘，以便于查看后续的填充和描边效果。

图 2-59　变换文字选区

步骤 14 将前景色设置为白色，背景色设为红色（#b51717），按【Ctrl+Delete】组合键，使用红色填充文字选区，效果如图 2-60 所示。

步骤 15 选择"编辑"＞"描边"菜单，打开"描边"对话框，在其中设置"宽度"为 3 像素，"位置"为"居外"，其他选项保持默认，单击"确定"按钮，在文字选区的外沿描边，如图 2-61 右图所示。至此，本例就完成了，按【Ctrl+ S】组合键保存文件。

图 2-60　填充文字选区　　　　　　　　　图 2-61　描边文字选区

任务四　描边和填充选区

任务说明

在创建好选区以后，除了可对其进行各种运算、反选、羽化、变换等操作以外，用户还可对选区进行描边和填充操作，从而制作出丰富多彩的图像效果。

预备知识

一、描边选区

创建选区后，利用"描边"命令可以沿选区边缘描绘指定宽度的颜色。

选择"编辑"＞"描边"菜单，打开"描边"对话框，设置好描边宽度、颜色和位置等参数后，单击"确定"按钮即可在指定位置为选区描边，如图 2-62 所示。

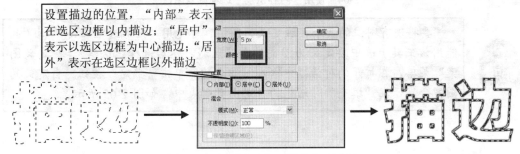

图 2-62　创建选区与"描边"对话框

二、填充选区

选区的填充是指在选区内部填充颜色或图案。常用的填充选区的方法有以下几种。

> **提示** 如果图像中没有选区，则使用下面介绍的快捷键、"填充"命令，以及后面要介绍的"渐变工具"或"油漆桶工具"等时，都是对当前图层进行填充。

- ➤ 设置好前景色后，按【Alt+Delete】组合键可用前景色快速填充选区。
- ➤ 设置好背景色后，按【Ctrl+Delete】组合键可用背景色快速填充选区。
- ➤ 选择"编辑">"填充"菜单，打开"填充"对话框，在"使用"下拉列表中选择要填充的对象（包括前景色、背景色或图案等）；若选择使用图案填充，则还可在"自定义图案"下拉列表中选择要填充的图案。此外，还可设置填充颜色或图案的混合模式和不透明度等，最后单击"确定"按钮即可填充选区，如图 2-63 所示。

图 2-63　使用"填充"对话框填充选区

> **小技巧** 若在"使用"下拉列表中选择"内容识别"选项，可对选区内的图像区域进行修复，如去除污点、杂物等。图 2-64 所示为利用该功能修复图像。

读者可打开"项目二"文件夹中的素材图片"28.jpg"进行操作

图 2-64　使用"内容识别"选项修复图像

> **知识库** 要将现有图像的某个区域定义为图案，可先用"矩形选框工具"（只能用该工具）选中要定义为图案的图像区域，然后选择"编辑">"定义图案"菜单，在打开的对话框中输入图案名称，单击"确定"按钮。自定义的图案会显示在"填充"对话框的自定图案列表中，如图 2-65 所示。

图 2-65　自定义图案

任务实施——绘制可爱的小熊

下面，我们将通过绘制图 2-66 所示小熊，来练习创建和变换选区，以及描边和填充选区等操作。案例最终效果请参考本书配套素材"素材与实例">"项目二"文件夹>"小熊.psd"文件。

制作思路

本例效果主要是通过使用椭圆选框、多边形套索等选区工具绘制小熊的头、耳朵、眼睛、鼻子、躯体以及四肢等选区，并对选区进行描边和填充实现。在绘制选区的过程中，用户应注意变换选区的方法，以及选区相加、相减等运算方式。

制作步骤

步骤 1　打开本书配套素材"素材与实例">"项目二"文件夹>"29.jpg"文件，如图 2-67 所示。

步骤 2　首先我们绘制小熊的身体。设置前景色为黑色，背景色为棕黄色（#ebab6b）。用"椭圆选框工具" ⭕ 在窗口中绘制一个椭圆选区，如图 2-68 左图所示。

图 2-66　小熊效果图

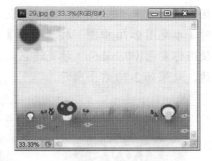

图 2-67　打开素材文件

步骤 3　按【Ctrl+Delete】组合键，用背景色填充选区。选择"编辑">"描边"菜单，打开"描边"对话框，在其中设置"宽度"为 3，"位置"为"居外"，其他选项保持默认，单击"确定"按钮，对选区进行描边操作。按【Ctrl+D】组合键取消选区，得到图 2-68 右图所示效果。

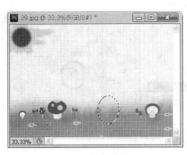

图 2-68　绘制选区并进行填充和描边操作

步骤 4　打开本书配套素材"素材与实例">"项目二"文件夹>"30.jgp"文件，利用"魔棒工具" ![icon] 在白色背景上单击，选中白色背景，然后按【Shift+Ctrl+I】组合键反向选区以选中心形图像，再按【Ctrl+C】组合键复制选区图像，如图 2-69 中图所示。

步骤 5　切换到"29.jgp"图像窗口，按【Ctrl+V】组合键将心形图像复制到该窗口中，并利用"移动工具" ![icon] 将其放置于图 2-69 右图所示位置。

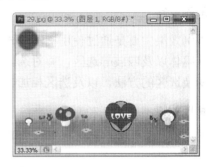

图 2-69　复制并移动图像

步骤 6　下面绘制小熊的脚和手。用"椭圆选框工具" ![icon] 在小熊身体的左侧绘制一个椭圆选区，然后选择"选择">"变换选区"菜单显示变形框，再旋转变形框，至满意角度时（参见图 2-70 中图）按【Enter】键确认操作。

步骤 7　使用棕黄色（#ebab6b）填充选区，然后利用"描边"命令为选区描上 3 像素的黑色边，效果如 2-70 右图所示。

图 2-70　绘制椭圆选区并进行旋转、填充和描边操作

步骤 8　选择"选择">"变换选区"菜单，显示自由变形框。将光标移至变形框内部并单击鼠标右键，在弹出的快捷菜单中选择"水平翻转"菜单，再按【Enter】键确认水平

翻转操作。接着水平向右移动选区，然后参照与步骤 7 相同的方法对选区进行填充和描边操作，效果如图 2-71 右图所示。

步骤 9　参照与步骤 6～8 相同的操作方法绘制小熊的手，其效果如图 2-72 所示。

图 2-71　水平翻转选区并进行填充和描边操作　　　　图 2-72　绘制手

步骤 10　下面绘制小熊头部图形。用"椭圆选框工具" ○ 在小熊躯体的上方绘制一个椭圆，然后使用棕黄色（#ebab6b）填充选区，再利用"描边"命令为选区描上 3 像素的黑色边，如图 2-73 右图所示。

步骤 11　下面绘制眼睛。用"椭圆选框工具" ○ 在图 2-74 所示位置绘制两个椭圆，然后使用蓝色（#6f7cdc）填充选区。

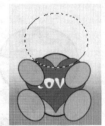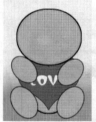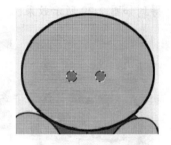

图 2-73　绘制头部图形　　　　　　　　　图 2-74　绘制眼睛图形

步骤 12　下面绘制眼睛高光。用"椭圆选框工具" ○ 在图 2-75 所示位置绘制两个椭圆，然后使用白色填充选区，得到眼睛高光。

步骤 13　下面绘制嘴巴大轮廓。用"椭圆选框工具" ○ 在图 2-76 所示位置绘制一个椭圆，然后使用棕黄色（#ebab6b）填充选区，再利用"描边"命令为选区描上 3 像素的黑色边。

步骤 14　下面绘制鼻子。用"椭圆选框工具" ○ 在图 2-77 所示位置绘制一个椭圆，然后使用黑色填充选区，再绘制一个小椭圆并填充白色，制作出鼻子的高光。

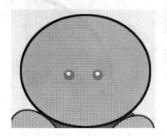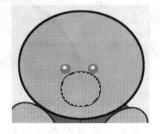

图 2-75　制作眼睛高光　　　　图 2-76　制作嘴巴大轮廓　　　　图 2-77　绘制鼻子

步骤 15 下面绘制嘴巴。用"椭圆选框工具"⬭在鼻子下方的左侧绘制椭圆（参见图 2-78 左图），然后按住【Alt】键的同时，从椭圆的上方继续绘制椭圆，释放鼠标后，得到两者相减的选区，如图 2-78 右图所示。

图 2-78　修剪椭圆选区

步骤 16 使用黑色填充选区，然后选择"选择">"变换选区"菜单，显示自由变形框。将光标移至变形框内部并单击鼠标右键，在弹出的快捷菜单中选择"水平翻转"菜单，按【Enter】键确认水平翻转操作，再将选区水平向右移动，并使用黑色填充选区，得到如图 2-79 所示效果。

图 2-79　制作嘴巴图形

步骤 17 下面制作耳朵。用"椭圆选框工具"⬭在小熊头部的左上角绘制一个椭圆，然后按住【Alt】键的同时，在椭圆的内部再绘制一个椭圆，释放鼠标后，得到两者相减的新选区，如图 2-80 中图和右图所示。

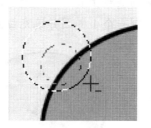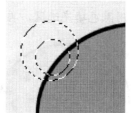

图 2-80　绘制环形选区

步骤 18 按住【Alt】键的同时，利用"多边形套索工具"⬚在环形选区的下方绘制多边形选区，释放鼠标后，得到两者相减的新选区，效果如图2-81右图所示。

步骤 19 使用棕黄色（#ebab6b）填充新选区，再利用"描边"命令为其描上2像素的黑色边，如图2-82左图所示。

步骤 20 选择"选择">"变换选区"菜单，显示自由变形框。将光标移至变形框内部并单击鼠标右键，在弹出的快捷菜单中选择"水平翻转"菜单，按【Enter】键确认水平翻转操作。

步骤 21 将选区水平向右移动，然后用棕黄色（#ebab6b）填充新选区，再利用"描边"命令为其描上2像素的黑色边，得到如图2-82右图所示耳朵图形。至此，本例就制作好了。

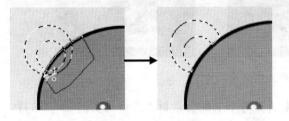

图2-81 修剪选区

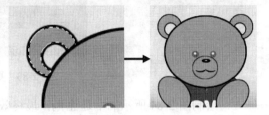

图2-82 制作耳朵图形

项目总结

本项目主要介绍了创建与编辑选区的各种方法。读者在学完本项目内容后，应重点掌握以下知识。

➢ Photoshop 的大多数操作都是基于选区进行的。例如，要对图像的局部进行处理，需要先通过各种途径将其选中。

➢ 利用"矩形选框工具" 、"椭圆选框工具" 、"单行选框工具" 和"单列选框工具" 可以创建规则选区。

➢ 利用"套索工具" 、"多边形套索工具" 、"磁性套索工具" 可以制作任意形状的不规则选区。

➢ 利用"魔棒工具" 、"快速选择工具" 和"色彩范围"命令可以根据颜色来创建不规则选区。使用这些工具时，用户应理解"容差"的含义，它决定了选取的颜色范围。

➢ 绘制时，利用选区的添加、相减和相交等运算操作，可以制作出复杂的选区；利用选区的羽化功能，可以柔化选区图像的边缘，从而制作出一些特殊的图像效果。此外，还可以对选区进行移动、扩展、收缩、平滑、扩大、变化、反选等操作。

➢ 对创建的选区进行描边，或在其内部填充各种颜色和图案，可以制作出丰富多彩的图像。

➢ 除了使用前面所介绍的方法创建选区外，在 Photoshop 中，我们还可使用快速蒙版、钢笔工具和通道等创建各种复杂的选区，利用蒙版遮挡图像中不需要的区域。我们将在后面的项目中陆续学习这些知识。

课后操作

1. 打开本书配套素材"素材与实例">"项目二"文件夹>"31.jpg"、"32.jpg"图像文件，将"31.jpg"图像文件（参见图 2-83 左图）中人物图像选区出来并适当羽化，然后将其移动到"32.jpg"图像文件（参见图 2-83 中图）中，效果如图 2-84 右图所示。

图 2-83　更换人物背景

2. 绘制图 2-84 所示的卡通企鹅，最终效果请参考本书配套素材"素材与实例">"项目二"文件夹>"卡通企鹅.jpg"图像文件。

图 2-84　卡通企鹅

提示:

（1）新建一个 RGB 颜色模式的图像文件，使用青色（#8ce8fb）填充背景，用"椭圆选框工具"◯绘制一个椭圆形选区，并设置羽化效果（羽化值为 100 像素），然后使用白色填充选区，得到渐变效果的背景。

（2）用"椭圆选框工具"◯绘制出企鹅的脑袋和身体，并用黑色填充。

（3）用"椭圆选框工具"◯绘制出企鹅的眼睛、白色的肚皮和黄色的嘴巴。

（4）用"椭圆选框工具"◯绘制出企鹅的手和脚。

项目三 编辑图像

项目描述

  Photoshop 的图像编辑方法包括移动、复制、删除、合并拷贝、自由变换图像、调整图像的大小与分辨率，以及操作的重复与撤销等。其中，绝大部分图像编辑命令都只对当前选区（或当前图层）有效。下面我们便来学习编辑图像的方法。

知识目标

- ❖ 了解图像尺寸与画布尺寸的区别。
- ❖ 了解变换图像与变换选区的不同。
- ❖ 了解"合并拷贝"命令与"贴入"命令的不同。

能力目标

- ❖ 能够调整图像大小与分辨率，能够使用裁切工具对图像进行修正。
- ❖ 能够移动、复制和删除图像。同时，应重点掌握复制图像的多种方法，以及"合并拷贝"和"贴入"命令的使用。
- ❖ 能够对图像进行缩放、旋转和扭曲等变换，并且能够使用网格对图像进行任意变形。
- ❖ 能够利用"历史记录"面板撤销或恢复操作。
- ❖ 能够将以上所学知识应用到实践中，例如可以制作各种广告等。

任务一 调整图像与画布大小

任务说明

  在实际工作中，经常要调整图像大小与分辨率、调整画布大小、旋转与翻转画布以及裁切图片等，来满足用户设计的需要。下面便来学习这些知识。

预备知识

一、调整图像大小与分辨率

要调整图像大小与分辨率，可选择"图像">"图像大小"菜单，打开"图像大小"对话框，在其中输入像素大小、文档大小或分辨率，单击"确定"按钮即可，如图 3-1 所示。

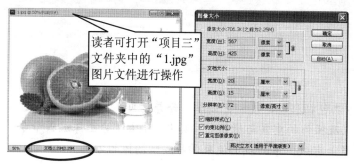

读者可打开"项目三"文件夹中的"1.jpg"图片文件进行操作

图 3-1   调整图像大小

该对话框各选项的意义如下。

- ➢ **"像素大小"设置区**：设置图像的宽度和高度，它决定图像在屏幕上的显示尺寸。
- ➢ **"文档大小"设置区**：设置图像在输出打印时的实际尺寸和分辨率大小。
- ➢ **"缩放样式"复选框**：如果图像中包含应用了样式的图层，则选中该复选框后，在调整图像大小的同时将缩放样式，以免改变图像效果。只有在选中"约束比例"复选框后，该复选框才被激活。
- ➢ **"约束比例"复选框**：选中该复选框表示系统将图像的长宽比例锁定。当修改其中的某一项时，系统会自动更改另一项，使图像的比例保持不变。
- ➢ **"重定图像像素"复选框**：若选中该复选框，更改图像的分辨率时图像的显示尺寸会相应改变，而打印尺寸不变；若取消该复选框，更改图像的分辨率时图像的打印尺寸会相应改变，而显示尺寸不变。

二、调整画布大小

在编辑图像时，如果不需要改变图像的显示或打印尺寸，而是对图像进行裁剪或增加空白区时，我们可使用"画布大小"命令来修改图像。打开要调整的图像，选择"图像">"画布大小"菜单，打开"画布大小"对话框，如图 3-2 所示。对话框中的相关选项的意义如下所示。

- ➢ **当前大小**：显示当前图像的画布大小，默认与图像的实际宽度和高度相同。
- ➢ **新建大小**：在该设置区中可以更改画布

图 3-2   "画布大小"对话框

的"宽度"和"高度"值，更改后在"定位"设置区中单击某个定位方块可以确定图像裁切或延伸的方向，包括居中、偏左、偏右、偏上等方向。

> **画布扩展颜色**：如果图像增加了画布大小，可以在该下拉列表框中选择新增画布的填充颜色（前景、背景、白色和黑色等），也可单击右侧的色块，利用打开的"拾色器"对话框来设置扩展颜色。

如果在设置时缩小了画布大小，系统会打开一个询问对话框提示用户减小画布时将裁切原图像中的部分图像，单击"继续"按钮，可在缩小画布大小的同时裁切图像。

> 图像尺寸和画布尺寸是两个不同的概念。默认情况下，这两个尺寸是相等的。调整图像尺寸时，图像会被相应放大或缩小；改变画布尺寸时，图像本身不会被缩放。

三、旋转与翻转画布

通过选择"图像">"图像旋转"菜单中的各子菜单项，可以将画布分别作"180 度"旋转、"顺时针 90 度"旋转、"逆时针 90 度"旋转、"任意角度"旋转、"水平翻转"和"垂直翻转"。图 3-3 为将画布顺时针旋转 30 度后的效果。

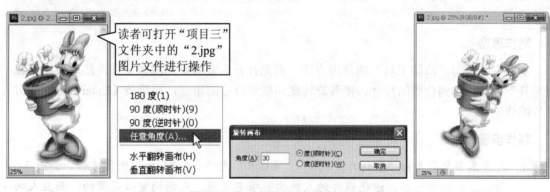

图 3-3　将画布沿顺时针旋转 30 度

四、裁切图片

在 Photoshop 中，利用"裁剪工具" <kbd>🔲</kbd> 可以将图像中不需要的部分裁剪掉。

步骤 1 打开"项目三"文件夹中的"3.jpg"图片文件，选择工具箱中的"裁剪工具" <kbd>🔲</kbd>，在图像中按住鼠标左键不放并拖动绘制裁剪区域，释放鼠标左键后，将出现一个裁剪框，裁剪框外是将被裁剪掉的图像区域，如图 3-4 左图所示。

步骤 2 创建裁剪框后，通过拖动裁剪框四周的方形控制点□可以调整裁剪框的大小；而将鼠标放置在裁剪框的外侧并拖动，则可旋转裁剪框。

步骤 3 定义好裁剪框后，按【Enter】键，或者在裁剪框内双击鼠标左键均可执行裁剪操作，效果如图 3-4 右图所示。若希望取消裁剪，可按【Esc】键。

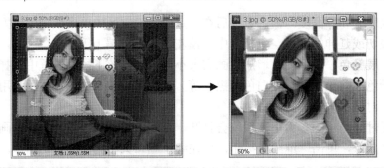

图 3-4　裁切图像

　　用户也可以选择"图像" > "画布大小"菜单，在打开的对话框中通过设置画布的大小来裁切或扩展图像。

任务实施——修正倾斜的照片

　　下面，我们将通过修正倾斜的照片来练习"裁切工具" 📷 的使用。修正效果如图 3-5 所示，案例最终效果请参考本书配套素材"素材与实例" > "项目三"文件夹> "修正倾斜的照片.jpg"文件。

制作思路

　　本例主要练习"裁切工具"的使用方法。首先打开需要修正的图像文件，然后使用"裁切工具"将其裁切到合适的尺寸，接着旋转裁切框到合适的角度，最后按【Enter】键完成对图片的修正。

制作步骤

步骤 1　打开本书配套素材"素材与实例" > "项目三"文件夹> "4.jpg"图像文件，如图 3-6 所示。从图中可知，这张照片的人物构图很不理想，人物的重心是歪的，而且人物的图像偏小，我们可以使用"裁切工具" 📷 将其修正。

步骤 2　选择"裁切工具" 📷，然后将鼠标光标移至图片的左上角位置，单击并按住鼠标左键向照片的右下角拖动，创建一个裁剪框，如图 3-7 所示。

图 3-5　修正倾斜的照片　　　　图 3-6　打开素材图片　　　　　　图 3-7　创建裁切框

步骤3 将光标移至裁剪框外侧，当光标呈 ↙ 形状时拖动鼠标，将裁剪框旋转到与女孩倾斜位置平行的角度，如图3-8所示。

步骤4 调整满意后，按【Enter】键确认裁剪操作，如图3-9所示。此时图片构图已经得到了大大地改善，人物主体不再倾斜，而是更为突出了。最后将文件另存即可。

图 3-8　调整裁切框　　　　　　　　　　　图 3-9　裁切后效果图

任务二　移动、复制与删除图像

任务说明

图像的移动、复制和删除是编辑图像的常用方法。在进行移动、复制和删除之前，首先应该选择所要处理的图像区域，否则所做的移动、复制和删除操作将对整个图像进行。

预备知识

一、移动图像

移动图像是指用"移动工具" ⊹ 将当前图层的图像（或当前图层中选区内的图像）移至同一图像窗口的其他位置或其他图像窗口中。

选择"移动工具" ⊹ 后，按【F7】键打开"图层"调板，选择要移动的图层，然后在图像窗口中按住鼠标左键并拖动，至目标位置后释放鼠标，即可将图像移至目标位置，如图3-10所示。若在拖动时按住【Shift】键，可以在水平、垂直和45度方向移动图像。

提示　　移动选区内的图像时，如果在背景图层上移动，图像的原位置将被当前背景色填充；如果在普通图层上移动图像，图像的原位置将变成透明。

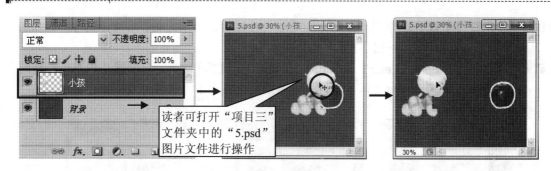

图 3-10　移动图像

选择"移动工具" 后，其工具属性栏如图 3-11 所示，勾选"自动选择"复选框，在其后的下拉列表中选择"图层"或"图层组"，然后用"移动工具"在图像窗口中单击某个对象，可自动选中该对象所在的图层或图层组。

图 3-11　"移动工具"属性栏

> 在选中其他工具（ 、 、 、 等工具除外）时，可以在按住【Ctrl】键的同时拖动鼠标来移动图像。此外，使用键盘上的 4 个方向键，可以以 1 个像素为单位移动当前图层或选区内的图像；按住【Shift】键并使用方向键，可以以 10 个像素为单位移动图像。

二、复制图像

复制图像也是针对当前图层或当前图层选区内的图像进行，因此在复制图像前，应先在"图层"面板中选中要操作的图层。在 Photoshop 中有多种复制图像的方法，包括使用拖动方式，使用复制图层方式等。下面继续通过对"5.psd"图片文件进行操作来学习这些方法。

步骤 1　若要复制当前图层或当前图层中选区内的图像，可在选择"移动工具"后，按住【Alt】键，当光标呈 形状时拖动鼠标，至目标位置后释放鼠标，如图 3-12 所示。

步骤 2　创建选区后，选择"编辑" > "拷贝"菜单或按快捷键【Ctrl+C】，将图像存入剪贴板中，然后选择"编辑" > "粘贴"菜单或按快捷键【Ctrl+V】，可将选区内图像粘贴到当前图像窗口或选区的正中间，并且自动生成一个图层来放置复制的图像。

> 选择"编辑" > "剪切"菜单，或按【Ctrl+X】组合键，可将选区内图像剪切到剪贴板，再粘贴到其他位置，但原位置将不再保留该图像。
> 复制或剪切选区图像后，选择"编辑" > "选择性粘贴" > "原位粘贴"菜单，或者按快捷键【Shift+Ctrl+V】，可将图像粘贴到图像窗口的相同位置。

步骤 3　将要复制图像所在的图层拖拽到"图层"调板底部的"创建新图层"按钮上，可快速复制出该层的副本图层，如图 3-13 所示。被复制的图像与原图像完全重合，用

"移动工具" 移动图像可看到复制的图像。

步骤4 按【Ctrl+J】组合键，系统将自动新建一个图层，并将当前图层或选区内的图像复制到新图层中，此时新图像也将与原图像重合。

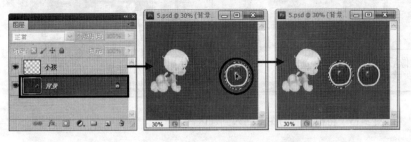

图 3-12 使用鼠标拖动复制图像　　　　图 3-13 复制图层

三、使用"合并拷贝"、"贴入"与"外部粘贴"命令

这三个命令都需要先创建选区才能使用。其中，使用"合并拷贝"、"贴入"与"外部粘贴"命令可以同时复制选区内多个图层中同一位置的内容，并在粘贴时将其合并为一个图层；"贴入"和"外部粘贴"命令的作用相似，效果相反，前者可以将被复制的图像内容粘贴到选区内部显示，而后者是将被复制的图像内容粘贴到选区外部显示。

步骤1 打开本书配套素材"项目三"文件夹中的"6.psd"图像文件，这是一幅拥有 2 个图层的图像，按【F7】键打开"图层"调板即可看到，如图 3-14 所示。

图 3-14 打开素材文件并显示"图层"调板

步骤2 按【Ctrl+A】组合键全选图像。选择"编辑">"合并拷贝"菜单，或者按【Shift+Ctrl+C】组合键，将当前显示画面中包含的所有图层中的图像复制到剪贴板（如果使用"拷贝"命令，则只复制当前图层当前选区内的图像）。

步骤3 打开本书配套素材"项目三"文件夹中的"7.jpg"图像文件，利用前面所学内容将心形内部的白色区域制作成选区，如图 3-15 左图所示，然后选择"编辑">"选择性粘贴">"贴入"菜单，或者按【Alt+Shift+Ctrl+V】组合键"，即可将复制的图像粘贴到当前选区内，如图 3-15 中图所示。此时，从"图层"调板中可看到原"6.psd"图像选区内的两个图层内容都被粘贴到当前选区内，且自动合为一层，如图 3-15 右图所示。

如果选择"编辑">"选择性粘贴">"外部粘贴"菜单，则可将图像粘贴到当前选区的外部。

图 3-15　将被复制的图像贴入到选区内

四、删除图像

在编辑图像时，要删除选区内或某个图层上的图像，可以执行以下相应操作。

➢ 如果要删除选区内的图像，可选择"编辑" > "清除"菜单，或者按【Delete】键。其中，如果当前层为背景图层，被清除的选区将以背景色填充；如果当前不是背景图层，被清除的选区将变为透明区。

➢ 如果要删除某个图层上的图像，可以将该层拖拽到"图层"调板底部的"删除图层"按钮■上，然后释放鼠标即可，如图 3-16 所示。

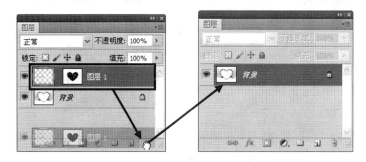

图 3-16　利用"图层"调板删除图像

任务实施——制作香水广告

下面，我们将通过制作图 3-17 所示的香水广告，练习移动与复制图像的方法。案例最终效果请参考本书配套素材"素材与实例" > "项目三"文件夹> "香水广告.psd"文件。

制作思路

本例效果主要是通过多个素材图片组合而成：打开各素材文件，分别选取要复制的图像区域将它们复制到背景图像中，即可组合成香水广告。

制作步骤

步骤 1　打开本书配套素材"项目三"文件夹中的"8.jpg"、"9.jpg"、"10.psd"和"11.tif"

图像文件，然后将"9.jpg"图像置为当前窗口。利用"矩形选框工具" 选取黑色矩形框中的图像（创建选区时，可使用"变换选区"命令编辑选区，以便精确选取图像），如图3-18左图所示。

步骤2 按【Ctrl+C】组合键复制选区图像，然后切换到"8.jpg"图像窗口，按【Ctrl+V】组合键将选取的对象粘贴到图像窗口中央，再在按住【Shift】键的同时，使用"移动工具" 将图像稍向上移动，如图3-18右图所示。

图 3-17 香水广告效果图　　　　　　图 3-18 选取并复制图像

步骤3 切换到"10.psd"图像窗口，然后利用"移动工具" 将花朵图像拖至"8.jpg"图像窗口中（移动前可先将相关图像窗口设置为独立的浮动式图像窗口），并放置于如图3-19右图所示位置。

图 3-19 移动对象至其他图像窗口

步骤4 将"11.tif"图像置为当前窗口，然后参考前面介绍的方法将其中的人物图像制作为选区（我们也可选择"窗口">"通道"调板，然后按住【Ctrl】键的同时，单击素材中已创建好的"Alpha 1"通道，得到图3-20中图所示的人物选区）。

步骤5 选择"移动工具" ，将光标放在选区内，此时光标呈 状，然后按住鼠标左键并拖动，即可移动选区内的人物图像，这里我们将其拖至"8.jpg"图像窗口中，并放置于图3-20右图所示位置。

图 3-20　选取人物图像并移动

任务三　变换与变形图像

任务说明

在编辑图像时，常常会出现图像的大小、角度、形状不符合我们要求的情况，我们可以通过对图像进行变换、变形、操控变形与内容识别比例缩放来解决这些问题。

预备知识

一、变换图像

变换图像是指对图像进行缩放、旋转、扭曲、斜切、透视等操作，它与本书项目三中所讲的变换选区的操作相似，只是对象不同，变换图像是对图像本身变形，而变换选区只是选区变形，不会影响到选区内的图像。

选择"编辑" > "自由变换"，或按【Ctrl+T】组合键，可以利用出现的控制框对选区内的图像或非背景层图像进行缩放、旋转、扭曲、斜切和透视等各种变换，操作与前面介绍的变换选区相同。若选择"编辑" > "变换"菜单中的子菜单项，则可对图像执行指定的变化操作，如图 3-21 左图所示。例如：

步骤1　打开本书配套素材"项目三"文件夹中的"12.psd"图像文件，选择"缩放"子菜单项后，可通过拖动控制点对当前图层中的图像执行缩放操作，如图 3-21 中图所示。

步骤2　选择"扭曲"子菜单项后，可拖动对象的四个角的控制点对对象进行任意扭曲变形，而无需按住【Ctrl】键进行拖动，如图 3-21 右图所示。

 提示　　　选择"旋转 180 度"、"旋转 90 度"、"水平翻转"和"垂直翻转"等子菜单项后，可直接对对象执行相应的变换操作，无需使用鼠标拖动。

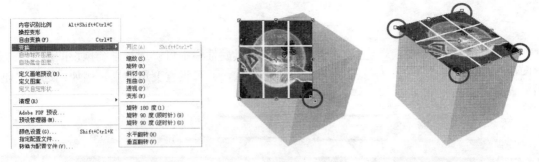

图 3-21 变换图像

对图像进行变换操作时，我们可通过属性栏设置旋转角度、缩放比例等参数，对图像进行精确变形，还可在变形的同时复制图像。例如，要制作一朵小花图像，可执行以下操作。

步骤 1 打开本书配套素材"项目三"文件夹中的"13.psd"图像文件，利用前面所学知识选取椭圆图像，如图 3-22 所示。按【Ctrl+T】组合键显示自由变形框，将变形框中间的旋转支点拖至图像下方，如图 3-23 所示。

图 3-22 打开素材图片并选取图像　　　　　　　　　图 3-23 移动旋转支点

步骤 2 在工具属性栏中将"旋转角度"设置为 30，如图 3-24 所示，然后连续按两次【Enter】键确认操作，选区内的图像被旋转，自由变形框消失，如图 3-25 左图所示。再在按住【Ctrl+Shift+Alt】组合键的同时，连续多次按【T】键即可旋转复制图像，这样花朵纹样就制作好了，如图 3-25 右图所示。

图 3-24 设置旋转角度

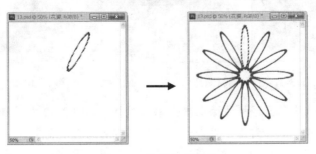

图 3-25 旋转复制图像

二、变形图像

选择"编辑">"变换">"变形"菜单，在工具属性栏中可以选择系统预设的形状来变形图像，如：扇形、上弧、下弧、拱形、旗帜等形状，并可设置变形效果。例如，选择"旗帜"形状，如图 3-26 所示。

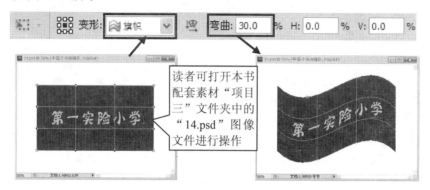

图 3-26　变形图像

此外，选择"变形"命令后，若在属性栏中选择"自定"变形方式，在图像的四周将显示变形网格，单击并拖动变形网格的控制点或控制点两侧的控制柄可自定义变形效果。

三、操控变形图像

"操控变形"命令是 Photoshop CS5 的新增功能，执行该命令后会在图像区域中显示网格，通过拖动网格中的图钉可以任意扭曲图像的特定区域，同时保持其他区域不变。

步骤 1　打开本书配套素材"项目三"文件夹中的"15.psd"图像文件，该图像文件中的人物图像位于"图层 1"上，下面我们将对其执行变形操作，如图 3-27 所示。

步骤 2　选择"编辑">"操控变形"菜单，在人物图像区域中显示网格，如图 3-28 所示，此时其属性栏如图 3-29 所示。

图 3-27　打开素材图片　　　　　　　　　　　图 3-28　显示操控变形网格

步骤 3　将鼠标光标依次移至网格边缘上单击添加图钉，如图 3-30 左图所示，然后将光标移至人物右侧腰部的图钉上，单击并向稍向左拖动图钉，如图 3-30 右图所示。此时，可发现其他图钉所在的人物图像区域被固定不发生变化，而当前图钉所在的人物图

像区域随着鼠标的拖动，带动没被其他图钉固定的图像区域发生变化。

设置网格点的间距。网格点越多，可以对图像的细节部
位进行更精密的操控变形，但是耗费时间也会相应增加

扩展或收缩网
格的外边缘

```
箭头  模式：正常 ∨  浓度：正常 ∨  扩展：2 px  ▶ □ ☑显示网格  图钉深度：▣ ⊞  旋转 自动 ∨  0  度
```

设置网格的整体弹性

设置是否在图像区域中显示网格

图 3-29 操控变形属性栏

步骤 4 继续拖动鼠标，至满意位置时释放鼠标，最后按【Enter】键完成操控变形操作（按
【Esc】键可取消变形），如图 3-31 所示，可看到人物形体发生了变化。

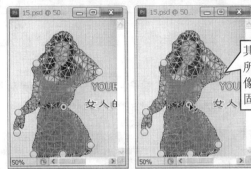

其他图钉
所在的图
像区域将
固定不变

图 3-30 添加并拖动图钉

图 3-31 变形效果

我们可在图像的任意区域添加图钉以对图像执行各种变形。当添加了多
个图钉后，可按住【Shift】键依次单击图钉以同时选中多个图钉，然后按住
鼠标左键并拖动，此时，被选中的图钉所在的图像区域将同时发生变化。

要删除图钉，可先选中要删除的图钉，然后按【Delete】键；或者按住
【Alt】键不松手，将光标移至图钉上，待光标呈 ✂ 形状时单击图钉。

四、使用内容识别比例缩放图像

使用"内容识别比例"命令可以在不更改重要可视内容（人物、建筑、动物等）的情况
下调整图像大小。

步骤 1 打开本书配套素材"项目三"文件夹中的"16.psd"图像文件，选择"编辑" > "内
容识别比例"菜单，在图像周围显示变形框，然后向左拖动图像右方中部的控制点
缩放图像，如图 3-32 所示。

步骤 2 从缩放结果中可以看到，人物变形很严重，按下工具属性栏中的"保护肤色"按钮 🎨，
系统会自动分析图像，尽量避免包含皮肤颜色的区域变形，如图 3-33 所示。

步骤 3 从图 3-33 可以看出人物肤色部分变形不大，但裙子部分变形明显，此时可使用 Alpha
通道（存储需要保护的图像区域的选区）来保护图像内容。为方便用户操作，素材
中已提供了相应的通道。在工具属性栏中的"保护"下拉列表中选择"Alpha 1"，此
时可看到人物图像受到了保护且未变形，如图 3-34 所示。

图 3-32　缩放图像　　　　　　　　图 3-33　保护肤色　　图 3-34　设置保护通道

> 内容识别比例命令，只有在图层未被锁定的状态下才能执行。有关图层的知识可参考本书项目六中的相关内容。

任务实施——制作青花瓷瓶

下面，我们将通过制作图 3-35 右图所示的青花瓷瓶，来练习图像的变形方法。案例最终效果请参考本书配套素材"素材与实例">"项目三"文件夹>"青花瓷瓶.psd"文件。

图 3-35　为白瓷瓶添加花纹

制作思路

本例主要练习"变形"命令的使用方法。首先打开白瓷瓶和国画图像文件，将国画图像复制到白瓷瓶图像文件中，然后使用"变形"命令对国画图像进行调整，将其贴在瓷瓶上。

制作步骤

步骤 1　打开本书配套素材"项目三"文件夹中的"17.jpg"和"18.jpg"图像文件，利用"移动工具" 将国画图像拖拽到瓷瓶图像中，如 3-36 左图所示。为了方便下面的操作，我们在"图层"调板中将国画图案的不透明度设置为 50%，如 3-36 中图和右图所示，这时国画图案呈现半透明状态。

步骤 2　按下【Ctrl+T】组合键，在国画图案的四周显示自由变形框，再按住【Shift】键拖动变形框的拐角控制点，成比例缩小图案至瓷瓶肚大小，如图 3-37 左图所示。

图 3-36　拖入图片并改变其透明度

步骤 3　在变形框内单击鼠标右键，在打开的快捷菜单中选择"变形"，此时，变形框转变成如图 3-37 右图所示的变形网格。

图 3-37　成比例缩小图像及选择"变形"命令

步骤 4　将光标移至变形网格角点位置上，按下鼠标并拖动，可改变控制点的位置，如图 3-38 左图所示。将光标移至角点控制柄上，拖动鼠标改变控制柄的长度，以使图案适合瓶身的弧度，如图 3-38 右图所示。

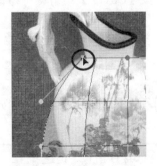

图 3-38　调整变形框

步骤 5　继续调整其他控制点和控制柄，以使图案的形状与瓶身相吻合，如图 3-39 左图所示，按【Enter】键确认变形操作，然后在"图层"调板中将"图层 1"的"不透明度"改为 100%，得到如图 3-39 右图所示效果。

步骤 6　为了使贴图效果更为自然，在"图层"调板中设置国画图案所在图层的混合模式为

"正片叠底"，得到最终效果，如图 3-40 所示。

图 3-39　应用变形操作并改变透明度

图 3-40　设置图层混合效果

任务四　操作的撤销与重做

任务说明

由于图像处理是一项实验性很强的工作，因此，用户在进行图像处理时，可能经常要撤销或重复所进行的操作，本任务就针对撤销和重复操作的方法进行介绍。

预备知识

一、使用"编辑"菜单

在 Photoshop 中，用户可利用"编辑"菜单中的相关命令来撤销单步、多步操作或重做撤销的操作。

> 选择"编辑" > "还原+操作名称"菜单或按【Ctrl+Z】组合键可撤销刚执行过的操作，此时菜单项变为"重做+操作名称"。

> 单击"重做+操作名称"菜单或按【Ctrl+Z】组合键则取消的操作又被恢复。

> 若要逐步撤销前面执行的多步操作，可选择"编辑" > "后退一步"菜单，或按【Alt+Ctrl+Z】组合键。

> 若要逐步恢复被撤销的操作，可选择"编辑" > "前进一步"菜单，或按【Shift+Ctrl+Z】组合键。

如果用户在处理图像时，中间曾经保存过图像，则选择"文件" > "恢复"菜单，可让系统从磁盘上恢复最近保存的图像。

二、使用"历史记录"面板

"历史记录"调板是一个非常有用的工具，用户可利用它撤销前面进行的任意操作，并可为当前图像处理结果创建快照，或将当前图像处理结果保存为文件，还可设置历史记录画笔的源。本节我们主要介绍如何利用"历史记录"调板撤销任意操作。

选择"窗口">"历史记录"菜单，打开图 3-41 所示的"历史记录"调板，从图中可知，调板操作列表中记录了打开图像后进行的所有操作：

> ➢ **撤销打开图像后的所有操作：**当用户打开一个图像文件后，系统将自动把该图像文件的初始状态记录在快照区中，用户只需单击该快照，即可撤销打开文件后所执行的全部操作。

> ➢ **撤销指定步骤后所执行的系列操作：**要撤销指定步骤后所执行的系列操作，只需在操作步骤区中单击该步操作即可。

> ➢ **新建快照并撤销快照之后的所有操作：**用户在执行某些操作后，可单击调板底部的"创建新快照"按钮 ▣ 创建一个快照；之后，无论进行了任何操作，只需单击新建的快照，即可将图像恢复到新建快照时的状态。

> ➢ **恢复被撤销的步骤：**如果撤销了某些步骤，而且还未执行其他操作，则还可恢复被撤销的步骤，此时只需在操作步骤区单击要恢复的操作步骤即可。

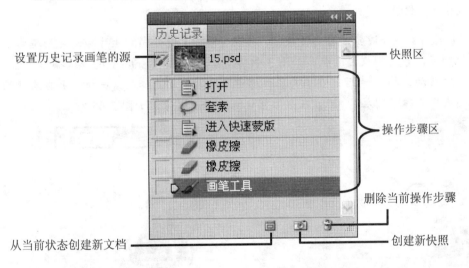

图 3-41　"历史记录"面板

任务实施——制作酒广告

下面，我们将通过制作图 3-42 所示的酒广告，来进一步练习编辑图像的方法。案例最终效果请参考本书配套素材"素材与实例">"项目三"文件夹>"酒广告.psd"文件。

制作思路

首先打开素材图片，然后复制并变换酒瓶图像，再将所有酒瓶合并拷贝到背景素材中，接着在背景素材中复制酒瓶图层、调整其透明度并进行翻转以制作倒影效果，最后将商标素材也移动到背景素材中，完成酒广告的制作。

制作步骤

步骤 1 打开本书配套素材"项目三"文件夹中的"19.jpg"、"20.psd"和"21.psd"图像文件，并将"20.psd"图像文件置为当前窗口，如图 3-43 左图所示。

步骤 2 选择"移动工具" ▶↔后，按住【Alt】键，当光标呈▶形状时拖动鼠标，在酒瓶的右端复制一个酒瓶，如图 3-43 右图所示。

图 3-42 酒广告效果图

图 3-43 复制酒瓶

步骤 3 按【Ctrl+T】组合键显示自由变换框，按住【Shift】键并向右上方拖动变形框右上角的控制点，等比例放大酒瓶，如图 3-44 所示，然后按【Enter】键确认操作。

步骤 4 选择"移动工具" ▶↔后，在工具属性栏中勾选"自动选择"复选框，并在右侧的下拉列表中选择"图层"，然后在图像窗口框选酒瓶图像，如图 3-45 所示。

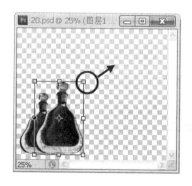 

图 3-44 成比例放大酒瓶图像

图 3-45 框选酒瓶图像

步骤 5 按【F7】键打开"图层"调板，可看到两个酒瓶图层同时被选中，然后将两个图层拖至调板底部的"创建新图层"按钮 ⬚ 上，复制两个副本图层，如图 3-46 所示。

步骤 6 按【Ctrl+T】组合键显示自由变换框，然后将变形框的中心点移至变形框右侧（如图 3-47 左图所示），再选择"编辑" > "变换" > "水平翻转"菜单，使复制的两个酒瓶水平翻转至如图 3-47 右图所示位置。

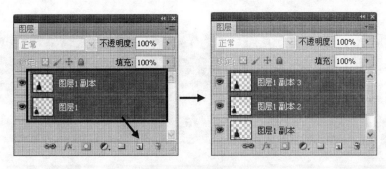

图 3-46 复制图层

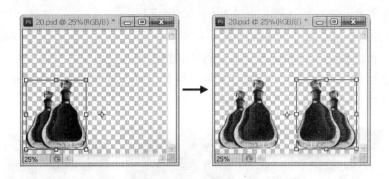

图 3-47 水平翻转酒瓶

步骤7 利用"移动工具" ⊕单击选中图 3-48 左图所示酒瓶，然后按住【Alt】键，当光标呈 形状时拖动鼠标，将酒瓶复制一份并水平左移，再将复制的酒瓶成比例放大，效果如图 3-48 右图所示。

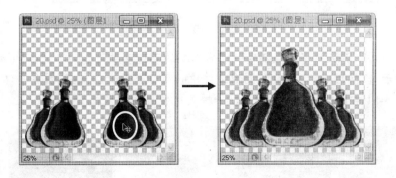

图 3-48 复制并放大酒瓶

步骤8 按【Ctrl+A】组合键全选图像，如图 3-49 左图所示，按【Shift+Ctrl+C】组合键合并拷贝酒瓶图像，然后切换到"19.jpg"图像窗口，按【Ctrl+V】组合键将酒瓶图像粘贴到窗口中央。

步骤9 按【Ctrl+T】组合键显示自由变换框，然后按住【Alt+Shift】键并拖动角控制点，等比例缩小酒瓶图像，如图 3-49 中图所示，接着将酒瓶稍向下移，最后按【Enter】键确认操作，如图 3-49 右图所示。

图 3-49　复制并缩小图像

步骤 10　按【Ctrl+J】组合键复制酒瓶图层，如图 3-50 左图所示，然后按【Ctrl+T】组合键显示自由变换框，将其中心点垂直向下移到变形框底边上，如图 3-50 中图所示。

步骤 11　选择"编辑">"变换">"垂直翻转"菜单，使复制的图像垂直翻转，按【Enter】键确认操作，效果如图 3-50 右图所示。

图 3-50　复制图像并垂直翻转

步骤 12　在"图层"调板中将垂直翻转的酒瓶图层的不透明度设置为"20%"（如图 3-51 左图所示），然后将"21.psd"图像文件中的商标移至"19.jpg"图像窗口中，并放置于图 3-51 右图所示位置。至此，一幅酒广告就制作完成了。

图 3-51　调整图层不透明度并组合图像

项目总结

通过学习本项目内容，读者应用重点掌握以下几点。

➢　熟练掌握调整图像大小和画布大小的方法。

➢　熟练掌握移动、复制和删除图像的方法，以及"合并拷贝"和"贴入"命令的用法。

➢　掌握自由变化图像、变形图像和操控变形图像的方法。

➢　掌握使用"历史记录"面板撤销和恢复操作的方法。

课后操作

1．打开本书配套素材"项目三"文件夹中的"22.psd"和"23.jpg"图像文件，然后利用本项目所学知识，利用"合并拷贝"和"贴入"命令将"22.psd"图像文件中的人物和背景粘贴到"23.jpg"图像文件的选区内，如图 3-52 所示。

图 3-52　合成图像

2．打开本书配套素材"项目三"文件夹中的"24.psd"、"25.jpg"、"26.jpg"和"27.jpg"图像文件，然后利用本项目所学知识制作图 3-53 所示的魔方。

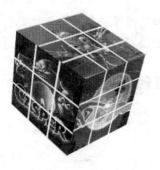

图 3-53　魔方效果图

提示：

分别将"25.jpg"、"26.jpg"和"27.jpg"移动到"24.psd"图像窗口中，然后利用自由变换命令变换图片，将图片贴到魔方的立方体的三个面上。

项目四　绘制与修饰图像

项目描述

　　Photoshop CS5 提供了许多实用的绘画与修饰工具，如"画笔工具"、"仿制图章工具"和"修复画笔工具"等，利用这些工具不仅可以绘制图形，还可以修饰或修复图像，从而制作出一些特殊的艺术效果或修复图像中存在的缺陷。

知识目标

- ✍　了解绘制与修饰图像的各个工具组所包含的工具，掌握其相关属性和用法。
- ✍　了解相似工具之间的区别，以便在处理图像的过程中能选择更为合适的工具。如"修复画笔工具"　与"仿制图章工具"　的操作方法类似，但产生的效果并不一样。

能力目标

- ✍　能够利用画笔工具绘制与修饰图像，利用颜色替换工具替换选区内的图像颜色。在使用画笔工具时，尤其要掌握选择和设置笔刷的方法。
- ✍　能够利用仿制图章工具组、历史记录工具组、修复工具组和修饰工具组复制、修复和修饰图像。
- ✍　能够利用橡皮擦工具组擦除图像，利用渐变工具为图像填充渐变图案。
- ✍　能够在实践中选择合适的绘制与修饰工具对图像进行处理，如修饰和修复图像等。

任务一　用画笔工具组绘画

任务说明

　　Photoshop 提供的绘图工具主要有"画笔工具"　、"铅笔工具"　和"颜色替换工具"　，如图 4-1 所示，利用它们可以绘制、修饰图像或替换图像的颜色。

图 4-1　画笔工具组

预备知识

一、使用画笔工具和"画笔"面板

利用"画笔工具" 可以绘制各类柔和的线条或一些预先已定义好的图案，其使用方法很有代表性，一般绘图和修饰工具的用法都和它相似。下面我们通过一个小实例学习"画笔工具" 的使用和设置笔刷属性的方法。

步骤1 打开本书配套素材"项目四"文件夹中的"1.jpg"图像文件，然后将前景色设为绿色，背景色设为黄色。

步骤2 选择"画笔工具" ，单击其属性栏中"画笔"右侧的三角按钮，从弹出的下拉面板中选择一种笔刷样式，并参考图 4-2 左图所示设置笔刷硬度、大小和不透明度，然后在图像底部拖动鼠标绘制图像，如图 4-2 右图所示。

设置当前选定的绘画颜色如何
与图像原有的底色进行混合

设置画笔颜色的强度，值越
小，所绘线条越细、颜色越浅

按下该按钮，可使画
笔具有喷涂功能

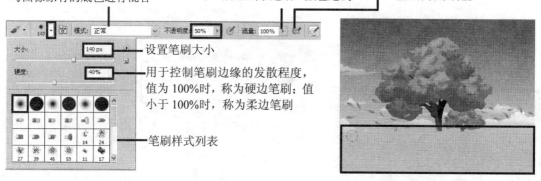

设置笔刷大小

用于控制笔刷边缘的发散程度，
值为 100%时，称为硬边笔刷；值
小于 100%时，称为柔边笔刷

笔刷样式列表

图 4-2　使用"画笔工具"绘制线条

用户也可选择"窗口" > "画笔预设"菜单，打开"画笔预设"调板，从中选择需要的笔刷样式。

步骤3 选择"画笔工具" 后，还可利用"画笔"调板设置笔刷的更多特性。例如，在"画笔"下拉面板中重新选择图 4-3 所示的"草"笔刷样式，设置不透明度 100%，然后单击"切换画笔调板"按钮 ，打开"画笔"调板。

步骤4 在"画笔"调板的"画笔笔尖形状"分类中将"间距"（笔刷点之间的距离）调整为 20%，在"颜色动态"分类中将"前景/背景抖动"设置为 50%，如图 4-4 所示。

在"画笔"调板左侧勾选要应用于笔刷的效果，然后可在右侧设置该效果的参数。例如，"颜色动态"效果中的"前景/背景抖动"用来设置所绘图像的颜色从前景色过度到背景色的程度，设置为 0%时保持前景色不变。

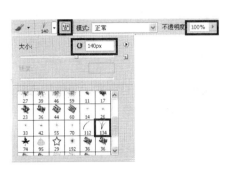

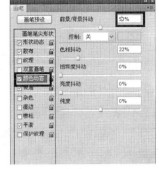

图 4-3　重新选择笔刷样式　　　　　　　　图 4-4　使用"画笔"调板设置笔刷样式

步骤5　设置好笔刷后，在图像的底部拖动鼠标绘制草丛，效果如图 4-5 所示。

步骤6　我们还可为画笔添加更多的笔刷样式，方法是单击画笔下拉面板右上角的⊙按钮，从弹出的菜单中选择需要添加的笔刷类型，如"特殊效果画笔"，在弹出的提示框中单击"确定"或"追加"按钮，将所选笔刷添加到笔刷列表中，如图 4-6 所示。

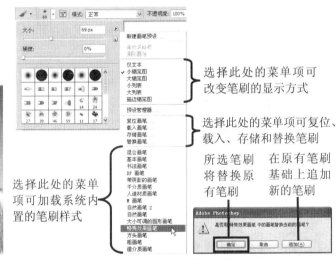

选择此处的菜单项可改变笔刷的显示方式

选择此处的菜单项可复位、载入、存储和替换笔刷

所选笔刷将替换原有笔刷　　在原有笔刷基础上追加新的笔刷

选择此处的菜单项可加载系统内置的笔刷样式

图 4-5　绘制草丛　　　　　　　　　　图 4-6　添加笔刷

步骤7　在"画笔"下拉面板中选择刚才添加的笔刷"杜鹃花串"，如图 4-7 所示，然后在前面图 4-4 所示的"画笔"调板中将"间距"设为 90%，"前景/背景抖动"设为 0%，接着在图 4-8 所示的"散布"效果中将"散布"设为 260%，数量设为 2。

➢　**散布：**用于控制绘制时笔刷的分布方式，值越大，分散效果越明显。当勾选"两轴"时，笔刷同时在水平和垂直方向上分散，否则只在鼠标拖动轨迹的两侧发散。

➢　**数量：**用于控制笔刷的数量，值越大，笔刷之间的密度越大。

➢　**数量抖动：**通过调整该参数，可绘制密度不一样笔刷效果。

步骤8　最后将前景色设为黄色，然后在图像底部拖动鼠标绘制杜鹃花，如图 4-9 所示。

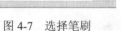

图 4-7 选择笔刷

图 4-8 设置笔刷效果

图 4-9 绘制杜鹃花

二、使用铅笔工具

利用"铅笔工具"可以模拟铅笔的绘画风格，绘制一些无边缘发散效果的线条或图案。"铅笔工具"与"画笔工具"的用法基本相同，此处不再赘述。使用"画笔工具"和"铅笔工具"绘制图像时应注意以下几点。

- ➢ 绘画时一般情况下使用的颜色为前景色。
- ➢ 按住【Shift】键拖动鼠标可画出一条直线；若按住【Shift】键反复单击并拖动鼠标，可自动画出首尾相连的折线。
- ➢ 在英文输入法状态下分别按【[】和【]】键可减小或增大笔刷的大小。

三、使用颜色替换工具

利用"颜色替换工具"可以在保留图像纹理和阴影不变的情况下，快速改变图像任意区域的颜色。要使用该工具编辑图像，应先设置合适的前景色，然后在指定的图像区域进行涂抹即可。

步骤 1 打开本书配套素材"项目四"文件夹中的"2.jpg"图像文件，然后利用"快速选择工具"或其他工具制作水果的选区，如图 4-10 所示。

步骤 2 设置前景色为红色（#ce101e），然后选择工具箱中的"颜色替换工具"，在工具属性栏中设置"画笔"大小为 200，"模式"为"颜色"，"限制"为"不连续"，"容差"为 30%，其他属性保持默认，如图 4-11 所示。

图 4-10 选取水果图像

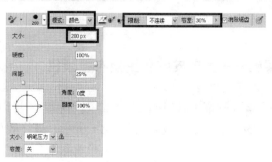

图 4-11 "颜色替换工具"属性栏

> **取样按钮**  ：单击"连续"按钮可以替换鼠标经过处的颜色；单击"一次"按钮表示只替换与第一次单击处颜色相似的区域；单击"背景色板"按钮表示只替换与当前背景色相似的颜色区域。

> **"限制"选项**：选择"连续"表示将替换与紧挨在光标下颜色相近的区域；选择"不连续"表示将替换出现在光标下任何位置的样本颜色；选择"查找边缘"表示将替换包含样本颜色的连接区域，同时更好地保留形状边缘的锐化程度。

> **"容差"选项**：容差值越大，可替换的颜色范围就越大。

步骤3 笔刷属性设置好后，利用"颜色替换工具"  在选区内涂抹，即可看到水果的颜色由绿色变成了红色，同时纹理保持不变，如图 4-12 所示。

图 4-12　改变水果颜色

四、自定义保存画笔

在 Photoshop 中，用户可将任意形状的选区图像定义为笔刷。由于笔刷中不保存图像的色彩，因此，自定义的笔刷均为灰度图。

打开本书配套素材"项目四"文件夹中的"3.jpg"图像文件，首先创建准备定义为笔刷的图案区域，如图 4-13 左图所示，然后选择"编辑">"定义画笔预设"菜单，打开"画笔名称"对话框，输入画笔的名称，单击"确定"按钮即可自定义画笔，如图 4-13 右图所示。

画笔定义好后，用户可以在笔刷列表的最下面看到它，如图 4-14 所示。此时，用户可以像使用系统内置的笔刷一样使用自定义的笔刷进行绘画了，并可在"画笔"调板中设置画笔的特殊效果。

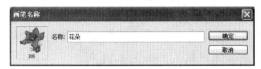
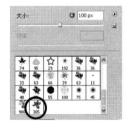

图 4-13　自定义画笔　　　　　　　　　　　图 4-14　笔刷列表

任务实施——美白皮肤和更换衣服颜色

在了解了画笔工具组的相关属性及用法后，我们将通过美白人物皮肤和更换衣服颜色来练习它们的使用方法，效果如图 4-15 所示。最终效果请参考本书配套素材"素材与实例">"项目四"文件夹>"美白皮肤和更换衣服颜色.jpg"文件。

图 4-15　美白皮肤和更换衣服颜色效果前后对比

制作思路

首先使用"画笔工具" ✐改变人物肤色，然后利用"颜色替换工具" ✏改变人物衣服颜色，最后保存图像完成制作。

制作步骤

步骤 1　打开本书配套素材"素材与实例" > "项目四"文件夹> "4.jpg"图像文件，如图 4-15 左图所示。从图中看出人物的皮肤较黑，上衣为红色，下面利用"画笔工具" ✐和 "颜色替换工具" ✏美白人物和更换衣服颜色。

步骤 2　将前景色设置为浅肤色（#f4ede5），背景色为品红色（# d34292）。选择"画笔工具" ✐，然后在其工具属性栏中设置笔刷为 60 像素的柔边笔刷，"模式"为柔光，"不透明度"为 30%，如图 4-16 所示。

图 4-16　设置画笔工具属性栏

步骤 3　"画笔工具" ✐属性设置好后，将鼠标光标移至人物皮肤上，然后单击鼠标并涂抹，你会发现人物的皮肤比原始效果白了，如图 4-17 所示。这里值得注意的是，不要过于美白，否则会破坏图像。

步骤 4　下面我们先用"色彩范围"命令将人物的上衣制作成选区，如图 4-18 所示。

图 4-17　美白人物皮肤　　　　　　　　图 4-18　选取上衣图像

步骤 5 按【X】键切换前、背景色。选择"颜色替换工具" ，在其工具属性栏中设置笔刷直径为 40 像素，"模式"设置为"颜色"，"容差"设置为 30%，其他参数为系统默认，如图 4-19 所示。

图 4-19 "颜色替换工具"属性栏

步骤 6 笔刷属性设置好后，用"颜色替换工具" 在所选区域内涂抹，直至上衣的颜色完全变为品红色。按【Ctrl+D】组合键取消选区，得到图 4-15 右图所示效果。最后将图像另存即可。

任务二 用图章工具组复制图像

任务说明

图章工具组包括"仿制图章工具" 和"图案图章工具" ，如图 4-20 所示，"仿制图章工具"通常用来去除照片中的污渍、杂点或进行图像合成等，"图案图章工具"可以用系统自带的或者用户自己定义的图案绘画，下面分别介绍。

图 4-20 图章工具组

预备知识

一、使用仿制图章工具

利用"仿制图章工具" 可以将使用笔刷取样的图像区域复制到同一幅图像的不同位置或另一幅图像中。

打开本书配套素材"项目四"文件夹中的"5.jpg"图像文件，将"仿制图章工具" 移至图像窗口中，按住【Alt】键，在图像中单击鼠标左键，定义一个参考点，如图 4-21 左图所示。松开【Alt】键，再将鼠标光标移至目标位置，然后单击或拖动，即可将参考点处的图像复制到该位置，如图 4-21 右图所示。关于该工具的更多操作方式可参考本任务中的任务实施。

二、使用图案图章工具

利用"图案图章工具" 可以用系统自带的或者用户自己定义的图案绘画。

打开本书配套素材"项目四"文件夹中的"6.jpg"图像文件，选择"图案图章工具" ，在工具属性栏中的图案列表中选择需要的图案，并设置好笔刷属性后，将鼠标光标移至图像窗口中，按住鼠标左键并拖动，即可将所选图案复制到图像中，如图 4-22 所示。关于该工具的具体操作方式可参考本任务中的任务实施。

图 4-21　设置参考点并复制图像

图 4-22　制作选区并在选区内绘制图案

任务实施——去除图像中的音符和更换背景

　　下面，我们将通过去除图像中的音符和更换背景（效果如图 4-23 所示）来练习图章工具组的使用。最终效果请参考本书配套素材"素材与实例"＞"项目四"文件夹＞"去除图像中的音符和更换背.jpg"文件。

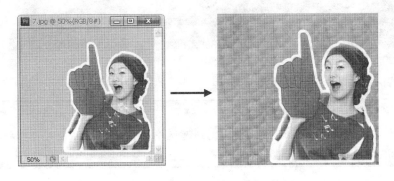

图 4-23　去除图像中的音符和更换背景效果前后对比

制作思路

　　首先使用"仿制图章工具" 修复人物的皮肤，然后利用"图案图章工具" 在图像中涂抹制作背景，最后保存图像完成制作。

制作步骤

步骤 1　打开本书配套素材"项目四"文件夹中的"7.jpg"图像文件，如图 4-23 左图所示。从图中可看到，图像人物颈部上的音符影响画面的整体效果，需要将其去除。

步骤 2　选择"仿制图章工具" ，在工具属性栏中设置主直径为 25 像素的柔边笔刷，其他参数保持默认值，如图 4-24 所示。

| ↓ · | ▼ 25 | 🖉 ↓ | 模式： | 正常 | ▼ 不透明度：100% ▶ | 🖉 | 流量：100% ▶ | 🖉 | ☑对齐 | 样本： | 当前图层 | ▼ | 🔏 | 🖉 |

图 4-24　"仿制图章工具"属性栏

> "对齐"复选框：默认状态下，该复选框被选中，表示在复制图像时，无论中间执行了什么操作，均可随时接着前面所复制的同一幅图像继续复制。若取消该复选框，表示将从初始取样点复制，而每次单击都被认为是另一次复制。

> "样本"列表：从该下拉列表中可以选择"当前图层"、"当前和下方图层"和"所有图层"，分别表示只对当前图层中的图像进行取样、对当前图层和其下方图层的图像取样以及从所有可见图层中的图像进行取样。

步骤3 利用"缩放工具" $\mathcal{Q}$ 将音符图像区域局部放大显示。将光标放在音符周围，然后按住【Alt】键单击鼠标定义参考点。松开【Alt】键后，在音符上单击（可稍微拖动鼠标），将参考点处的图像复制过来，如图 4-25 左图和中图所示。

步骤4 根据音符图像所在区域的不同多次定义参考点和复制图像（这样能使修复的图像显得更真实和自然），最后效果如图 4-25 右图所示。

 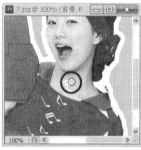 

图 4-25 用"仿制图章工具"去除音符图像

 在复制图像时出现的十字指针"+"用于指示当前复制的区域。如果图像中定义了选区，则仅将图像复制到选区中。此外，在修复时可根据需要按键盘上的【[】和【]】键来调整笔刷大小。

步骤5 按【Ctrl+-】组合键将图像全部显示出来，接着利用"魔棒工具" $\mathcal{R}$ 将背景图像制作成选区，如图 4-29 左图所示。再按【Shift+F6】组合键，在打开的"羽化选区"对话框中设置"羽化半径"为 3 像素（参见图 4-29 中图所示），单击"确定"按钮关闭对话框，效果如图 4-26 右图所示。

图 4-26 制作选区并羽化

步骤6 选择"图案图章工具" $\mathcal{R}$ ，在属性栏中设置笔刷"主直径"为 175 像素，"模式"

为"颜色加深","不透明度"为 30%，然后单击"图案"右侧的▼按钮，在弹出的图案列表中选择所需图案，其他参数为默认，如图 4-27 所示。

图 4-27 "图案图章工具"属性栏

> **图案**：单击图案右侧的▼按钮，可从弹出的图案下拉列表中选择系统默认和用户自定义的图案。

> **印象派效果**：勾选该复选框，在绘制图像时将产生类似于印象派艺术画效果。

要将某图像区域定义为图案，可在使用"矩形选框工具"选择该图像区域后，选择"编辑" > "定义图案"菜单。

步骤 7 为了方便观察效果，按【Ctrl+H】组合键将选区隐藏。将鼠标光标移至图像的背景区域，单击并拖动鼠标，即可将所选图案复制到背景区域，如图 4-28 所示。最后将文件另存即可。

图 4-28 复制图案

任务三 用历史记录画笔工具组恢复图像

任务说明

历史记录画笔工具组包括"历史记录画笔工具"和"历史记录艺术画笔工具"，如图 4-29 所示，它们都属于恢复工具，通常配合"历史记录"调板使用。

图 4-29 历史记录工具组

预备知识

一、使用历史记录画笔工具

使用"历史记录画笔工具" ⛇ 可以将图像编辑中的某个状态还原，与普通的撤销操作不同的是，图像中未被"历史记录画笔工具" ⛇ 涂抹过的区域将保持不变。

选择"历史记录画笔工具" ⛇ 后，其工具属性栏中各选项与"画笔工具" ✐ 相同。用户只需在工具属性栏中设置好笔刷属性，在"历史记录"调板左侧单击"设置历史记录画笔的源" ⛇（设置要将图像恢复到的状态，默认为打开时的状态），然后将鼠标光标移至图像中要恢复的区域，单击并拖动鼠标，光标经过的位置即是被恢复的区域，而其他区域将保持不变。

二、使用历史记录艺术画笔工具

利用"历史记录艺术画笔工具" ⛇ 可以将图像编辑中的某个状态还原并做艺术化处理，其使用方法与"历史记录画笔工具" ⛇ 完全相同，在此不再赘述。

任务实施——快速为人物去斑

下面，我们将通过快速为人物图像（效果如图 4-30 所示）去斑来练习历史记录画笔工具组的使用。最终效果请参考本书配套素材"素材与实例" > "项目四"文件夹> "快速为人物去斑.jpg"文件。

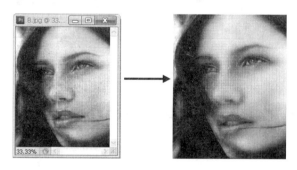

图 4-30 去除图像中的音符和更换背景效果前后对比

制作思路

首先使用"滤镜"菜单中的"高斯模糊"滤镜将图像模糊化，然后利用"历史纪录画笔工具" ⛇ 在图像中涂抹，使人物面部轮廓自然分明，面部斑点不可见，最后保存图像完成制作。

制作步骤

步骤 1 打开本书配套素材"项目四"文件夹中的"8.jpg"图像文件，如图 4-30 左图所示。要为人物去斑，首先我们要用"高斯模糊"滤镜将脸部的斑点图像模糊化。

步骤 2 选择"滤镜">"模糊">"高斯模糊"菜单,在打开的"高斯模糊"对话框中将"半径"设置为8像素,如图4-31左图所示。单击"确定"按钮,得到图4-31右图所示效果。从图中看出,脸部的雀斑被模糊掉了,同时眼睛、嘴唇等部位也被模糊了,下一步需要将其恢复到原始状态。

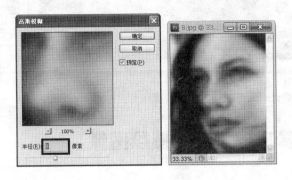

图 4-31 应用"高斯模糊"滤镜

步骤 3 打开"历史记录"调板,如图4-32所示。可以看到"设置历史记录画笔的源"标志在打开缩览图的左侧,表示下面用"历史记录画笔工具"涂抹的图像区域将被恢复到原始状态。

图 4-32 "历史记录"调板

提示　　用户也可以通过单击某一快照或步骤左边的，将"历史记录画笔的源" 指定到某一快照或步骤中。该标志在哪个步骤的左边,就表示涂抹图像时将恢复到哪一步骤。

步骤 4 选择"历史记录画笔工具",在工具属性栏中设置主直径为40像素的柔边笔刷,"模式"为正常,"不透明度"为100%,"流量"为100%,如图4-33所示。

图 4-33 "历史记录画笔工具"属性栏

步骤 5 属性设置好后,在人物的眼睛、嘴唇、头发等面部以外的地方涂抹,使其恢复到图片打开时的状态,如图4-34左图所示。

步骤 6 下面要处理面部的细节,这时需要适当降低笔刷的"不透明度",并适当调整笔刷至合适大小,然后在眉毛、脸部轮廓的细微处涂抹,让去斑后的面部轮廓自然分明。修复完成后,其效果如图4-34右图所示。最后将文件另存。

图 4-34 用"历史记录画笔工具"恢复图像

在涂抹皮肤时，切记要将"不透明度"设置得低一些，以免模糊掉的雀斑重新显示。

任务四　用橡皮擦工具组擦除图像

任务说明

在 Photoshop 中，利用"橡皮擦工具" ![] 、"背景橡皮擦工具" ![] 和"魔术橡皮擦工具" ![] （参见图 4-35），可以清除图像中不需要的区域。

图 4-35 橡皮擦工具组

预备知识

一、使用橡皮擦工具

"橡皮擦工具" ![] 的用法很简单，选择该工具后，在工具属性栏中设置好笔刷和其他属性，然后在图像窗口中拖动鼠标即可擦除图像。若在背景层上擦除，被擦除区域将使用背景色填充；若在普通图层上擦除，则被擦除的区域将变成透明。

二、使用背景橡皮擦工具

利用"背景橡皮擦工具" ![] ，可以有选择地将图像中与取样颜色或基准颜色相近的区域擦除成透明效果。

步骤 1　打开本书配套素材"项目四"文件夹中的"9.jpg"图像文件，如图 4-36 所示。选择工具箱中的"背景橡皮擦工具" ![] ，在其工具属性栏中设置画笔大小为 52 像素的硬边笔刷，单击"一次"按钮 ![] ，在"限制"下拉列表中选择"不连续"，勾选"保护前景色"复选框，其他选项保持默认，如图 4-37 所示。

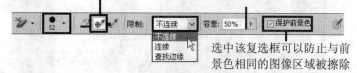

选择"连续" 📷，表示擦除时连续取样；选择"一次" 📷，表示仅取样单击鼠标时光标所在位置的颜色；选择"背景色板" 📷，表示将背景色设置为基准颜色

用于设置擦除颜色的范围。值越小，被擦除的图像颜色与取样颜色或基准颜色越接近

选中该复选框可以防止与前景色相同的图像区域被擦除

图 4-36　打开素材图片　　　　图 4-37　"背景橡皮擦工具"属性栏

步骤 2　将光标移至背景图像上单击鼠标左键并拖动，光标拖移过的背景图像区域被擦除成透明，如图 4-38 左图所示。此时，系统会自动将"背景"图层转换为普通图层。

步骤 3　按住【Alt】键的同时，在图 4-38 中图所示头发位置单击鼠标，将单击处的颜色设置为前景色以进行保护，然后继续在发丝间擦除背景图像，效果如图 4-38 右图所示。

图 4-38　擦除背景

三、使用魔术橡皮擦工具

利用"魔术橡皮擦工具" 📷可以将图像中颜色相近的区域擦除。它与"魔棒工具" 📷的作用和用法类似，选择该工具后，在属性栏中设置合适的"容差"和其他选项，然后在图像中要被擦除的区域单击鼠标，即可擦除与鼠标单击处颜色相似的所有像素。

任务实施——制作化妆品广告

下面，我们将通过制作图 4-39 所示的化妆品广告，来练习橡皮擦工具组的使用方法。最终效果请参考本书配套素材"素材与实例">"项目四"文件夹>"化妆品广告.psd"文件。

制作思路

首先打开素材图片，使用"背景橡皮擦工具" 📷和"魔术橡皮擦工具" 📷快速擦除人物图像的背景图像，再使用"橡皮擦工具" 📷擦除图像的细节，然后组合图像，完成制作。

制作步骤

步骤 1　打开本书配套素材"项目四"文件夹中"10.jpg"、"11.jpg"和"12.jpg"图像文件，

如图 4-40 所示。下面，我们要将"10.jpg"和"11.jpg"图像中的人物图像选取出来，然后再将它们拖至"12.jpg"图像窗口中，合成一个广告。

图 4-39　化妆品广告效果图　　　　　　　　　　图 4-40　打开素材图片

步骤 2　首先将"10.jpg"图像置为当前窗口，选择"魔术橡皮擦工具" 🖊️，在其工具属性栏中设置"容差"为 50，其他参数保持默认不变。将鼠标光标移至图像窗口中，在背景图像中要擦除的颜色上单击鼠标，如图 4-41 左图所示，与单击处颜色相近的区域都变成了透明，如图 4-41 右图所示。

　　注意，擦除细节区域（如手指处）时，可尽量将图像放大显示，然后用"橡皮擦工具" 🖊️来擦除。

步骤 3　利用"移动工具" ➕将人物图像拖至"12.jpg"图像窗口中，用"自由变换"命令调整其大小，并放置在窗口的左侧，如图 4-42 所示。

图 4-41　擦除背景图像　　　　　　　　　　　图 4-42　移动图像

步骤 4　将"11.jpg"图像置为当前窗口，分别用"魔术橡皮擦工具" 🖊️和"背景橡皮擦工具" 🖊️擦除背景图像，并用"橡皮擦工具" 🖊️小心地擦除细节区域，如图 4-43 所示。

步骤 5　依次按【Ctrl+A】、【Ctrl+C】组合键，复制人物图像，然后切换到"12.jpg"图像窗口中，按【Ctrl+V】组合键，将人物图像粘贴到图像窗口，调整其大小及位置，最终效果如图 4-44 所示。

图 4-43 擦除背景图像

图 4-44 移动人物图像的位置

任务五 用修复工具组修复图像

任务说明

修复工具组包括"污点修复画笔工具" ![]、"修复画笔工具" ![]、"修补工具" ![] 和"红眼工具" ![]，如图 4-45 所示，利用这些工具可快速修复图像中的缺陷。

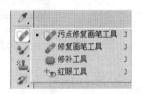

预备知识

图 4-45 修复工具组

一、使用修复画笔工具

利用"修复画笔工具" ![] 可清除图像中的杂质、污点等。在修复图像时，"修复画笔工具" ![] 与图章工具组一样，也是进行取样复制或使用图案进行填充，不同的是，"修复画笔工具" ![] 能够将取样点的图像自然融入到目标位置，并保持其纹理、亮度和层次，使被修复的图像区域和周围的区域完美融合。

打开本书配套素材"项目四"文件夹中的"13.jpg"图像文件，选择"修复画笔工具" ![]，然后将鼠标光标移至图像窗口中，按住【Alt】键，在图像中单击鼠标左键，定义一个参考点，如图 4-46 左图所示。

松开【Alt】键，再将鼠标光标移至目标位置，然后单击或拖动鼠标，即可将参考点处的图像复制到该位置，如图 4-46 右图所示。更多操作方式可参考本任务中的任务实施。

图 4-46 用"修复画笔工具"修复图像中的杂质

二、污点修图画笔工具

利用"污点修复画笔工具" 可以快速移去照片中的污点和其他不理想部分，它的工作方式与"修复画笔工具" 相似，不同之处是"污点修复画笔工具" 可以自动从所修复区域的周围取样，而不需要定义取样点。

打开本书配套素材"项目四"文件夹中"14.jpg"文件，选择"污点修复画笔工具" ，设置好笔刷属性后，将鼠标光标移至图像区域有瑕疵的地方单击，即可去除单击处的瑕疵，如图 4-47 所示。

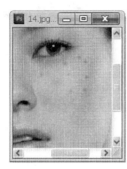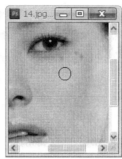

图 4-47　用"污点修复画笔工具"修复图像

三、修补工具

"修补工具" 也是用来修复图像的，其作用、原理和效果与"修复画笔工具" 相似，但它们的使用方法有所区别："修补工具" 是基于选区修复图像的，在修复图像前，必须先制作选区。

打开本书配套素材"项目四"文件夹中"15.jpg"文件，选择"修补工具" ，保持属性栏中默认参数不变，用该工具在图像中按住鼠标左键拖动选择要修补的图像区域，然后将鼠标光标移至选区内，当光标呈 形状时，按住鼠标左键并向目标位置拖动，至满意效果后释放鼠标，源选区中的图像被目标区的图像覆盖，如图 4-48 所示。关于该工具的更多操作请参考本任务中的任务实施。

图 4-48　用"修补工具"修复图像

四、红眼工具

红眼工具用于修复相片中的红眼现象。该工具的使用很简单，选择工具后，在相片中的红眼上单击即可修复红眼。

任务实施——修复人物图像

下面，我们将通过修复人物图像（效果如图 4-49 所示），来练习修复工具组的使用方法。最终效果请参考本书配套素材"素材与实例" > "项目四"文件夹> "修复人物图像.jpg"文件。

图 4-49　修复人物图像效果前后对比

制作思路

首先打开素材图片，使用"污点修复画笔工具" 去除人物嘴角下的痣，接着使用"修复画笔工具" 清除人物脸上的雀斑，再使用"修补工具" 修复图像的背景，最后使用"红眼工具" 去除人物因闪光灯拍摄而产生的红眼，最后保存图像完成制作。

制作步骤

步骤 1　打开本书配套素材"项目四"文件夹中的"16.jpg"图片文件，如图 4-49 左图所示。

步骤 2　在工具箱中选择"污点修复画笔工具" ，并在"画笔"下拉面板中设置画笔"大小"为"13px"，如图 4-50 所示。属性栏中各选项的意义如下：

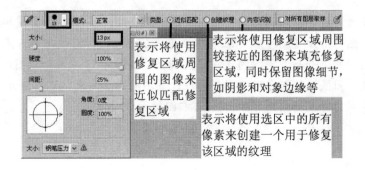

图 4-50　设置"污点修复画笔工具"参数

设置笔刷大小时，将其设置得比要修复的污点稍大一些为宜，这样，用户只需单击一次即可覆盖整个污点。

步骤 3 参数设置好后，将光标移至人物嘴下的痣处，单击鼠标左键，释放鼠标后，痣即被清除，如图 4-51 所示。

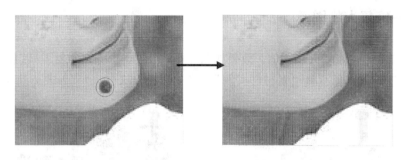

图 4-51 为人物清除痣

"污点修复画笔工具"只适用于修复污点区域较小的图像，如果要修复大片区域或需要更大程度地控制取样来源，建议使用"修复画笔工具"。

步骤 4 下面我们用"修复画笔工具"为人物清除脸上的雀斑。选择"修复画笔工具"后，在其工具属性栏中设置图 4-52 所示的参数。

选择该单选钮，"修复画笔工具"的用法将与"仿制图章工具"类似

选择该单选钮，"修复画笔工具"的用法将与"图案图章工具"类似

图 4-52 设置"修复画笔工具"参数

步骤 5 参数设置好后，在人物面部有雀斑附近的皮肤处，按住【Alt】键单击鼠标，确定参考点，然后松开【Alt】键，在雀斑上单击鼠标左键即可使用参考点处的颜色替代单击处的颜色，并与其周围的皮肤完美融合，如图 4-53 左图和中图所示。

步骤 6 在修复不同区域的图像时，用户还应设置不同的参考点，这样修复的图像才能更自然、真实。修复好的图像如图 4-53 右图所示。

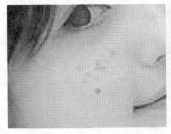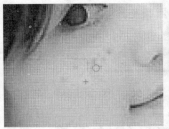

图 4-53 为人物清除雀斑

步骤7 可以看到在素材图片的最右边有一个多余的人,下面我们来学习用"修补工具" ▦ 将其去除。首先在工具箱中选择"修补工具" ▦,保持默认的参数不变,如图 4-54 所示。属性栏中各选项的意义如下:

图 4-54 "修补工具"属性栏

- ➤ **"源"单选钮**:选中该单选钮后,如果将源图像选区拖至目标区,则源区域图像将被目标区域的图像覆盖。
- ➤ **"目标"单选钮**:选中该单选钮,表示将选定区域作为目标区,用其覆盖其他区域。
- ➤ **"使用图案"按钮**:制作选区后,该按钮被激活,在右侧的图案下拉列表中选择一种预设或用户自定义图案,单击该按钮,可用选定的图案覆盖选定区。

步骤8 用"修补工具" ▦ 将图像中右边的人制作成选区(也可用别的选区工具定义选区)作为源图像区域,如图 4-55 左图所示。将光标放入选区内,待光标变为 ▨ 形状时,单击并拖动鼠标至图 4-55 中图所示的位置。释放鼠标,源图像(人物)被目标区(草地)的图像覆盖,取消选区后的效果如图 4-55 右图所示。

图 4-55 使用"修补工具"修复图像

如果在工具属性栏中选择"目标"单选钮,则将人物选区拖到其他图像区域后,将复制出人物图像并与目标区域自然融合。

步骤9 最后来学习去除人物因闪光灯拍摄产生的红眼。在工具箱中选择"红眼工具" ▧ 后,在其工具属性栏中设置图 4-56 所示的参数。

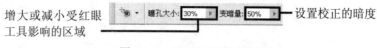

步骤 10　参数设置好后，在人物红眼处单击鼠标即可得到图 4-49 右图所示的效果。

增大或减小受红眼
工具影响的区域 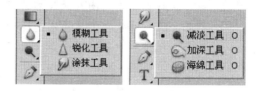 设置校正的暗度

图 4-56　"红眼工具"属性栏

任务六　用图像修饰工具修饰图像

任务说明

　　Photoshop 提供了很多图像修饰工具，包括模糊、锐化、涂抹、减淡、加深和海绵工具，如图 4-57 所示。利用它们可以对图像进行模糊、锐化、加深等处理。

图 4-57　修饰工具

预备知识

　　修饰工具组中工具的使用都很简单，只需在选择相应的工具后，在属性栏中设置笔刷大小和其他属性，然后在图像中拖动鼠标进行涂抹即可。各工具的作用如下。

> ➤　"模糊工具" ：可以对图像进行柔化模糊处理。
> ➤　"锐化工具" ：与"模糊工具" 的作用相反，可对图像进行锐化处理。
> ➤　"涂抹工具" ：在图像中拖曳鼠标，可以将鼠标单击处的颜色抹开，其效果就像在一幅刚画好的还未干的画上用手指去擦拭。
> ➤　"减淡工具" 和"加深工具" ：改变图像的曝光度，从而使图像变亮或变暗。
> ➤　"海绵工具" ：可以加深或降低图像的饱和度。

任务实施

一、制作阳光海滩效果图

　　本任务中，我们将通过制作图 4-58 所示的阳光海滩效果，练习图像修饰工具的用法。最终效果请参考本书配套素材"素材与实例" > "项目四"文件夹> "阳光海滩.psd"文件。

制作思路

　　打开素材图片，然后用"模糊工具" 制作阳光的晕染效果，使用"减淡工具" 和"加深工具" 对人物进行修饰。

制作步骤

步骤1　打开本书配套素材"项目四"文件夹中的"17.psd"图像文件，按【F7】键打开"图层"调板，如图4-59右图所示。从图中可知，该图片是一个包含3个图层的分层文件，这里我们单击选中"阳光"图层，先对该图层中的阳光图像进行修饰。

图4-58　阳光海滩效果图　　　　　　　　　　　　图4-59　打开素材图片

步骤2　选择"模糊工具" ，在其工具属性栏中设置画笔为70像素的柔边笔刷，其他参数保持默认，将鼠标光标移至阳光图像上，单击并拖动鼠标，涂抹出晕染效果。最后适当调整其大小并移至图像窗口的左上角，形成太阳反射光效果，如图4-60所示。

步骤3　选择"移动工具" ，在按住【Alt】键的同时拖动阳光图像进行复制，然后将复制的阳光图像行缩小并放置于图像的右下角，如图4-61所示。

图4-60　用"模糊工具"修饰图像并移动　　　　　图4-61　复制移动模糊后的阳光

步骤4　下面要修饰图像层次关系，使人物从画面中脱颖而出。在"图层"调板中单击"女孩"图层将其置为当前图层，然后选择"减淡工具" ，在其工具属性栏中设置画笔大小为30，"曝光度"为30%，设置好后，在女孩的脸部及身体部位涂抹，使其颜色减淡，如图4-62所示。

步骤5　选择"加深工具" ，设置画笔大小为20，"曝光度"为20%，然后在女孩的衣服上涂抹，使其颜色加深，具有层次感，如图4-63所示。

图 4-62　用"减淡工具"修饰图像　　　　图 4-63　用"加深工具"修饰图像

二、制作去皱霜广告

本任务中，我们将通过制作图 4-64 所示的去皱霜广告，练习使用画笔、仿制图章、减淡、加深和颜色替换工具修饰与修复图像的方法。最终效果请参考本书配套素材"素材与实例">"项目四"文件夹>"去皱霜广告.psd"文件。

制作思路

首先使用"仿制图章工具"修复人物的皱纹，然后利用"减淡工具"使皮肤有光泽，利用"加深工具"增加人物面部轮廓的立体感和使头发变黑，利用"画笔工具"使人物嘴唇变鲜艳，利用"颜色替换工具"改变人物衣服颜色，最后利用"魔术橡皮擦工具"去除人物之外的图像背景，并将人物拖到另一幅背景图像中，完成实例。

制作步骤

步骤 1　打开本书配套素材"项目四"文件夹中的"18.jpg"和"19.jpg"图像文件，如图 4-65 所示。

图 4-64　去皱霜广告效果图　　　　　　图 4-65　打开素材图片

步骤 2　将"18.jpg"图像置为当前窗口，首先修复面部皱纹。使用"缩放工具"局部放大人物面部图像，选择"仿制图章工具"，在其工具属性栏中设置画笔为 30 像素的柔边笔刷，设置"不透明度"为 40%，如图 4-66 所示。

图 4-66　"仿制图章工具"属性栏

步骤3　按住【Alt】键，在没有皱纹的皮肤上单击鼠标左键定义取样点，松开【Alt】键，在有皱纹的地方涂抹，直至皱纹消失，如图 4-67 所示。

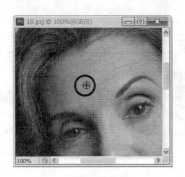

图 4-67　用"仿制图章工具"去除皱纹

步骤4　下面提亮肤色。选择工具箱中的"减淡工具" ，在其属性栏中设置画笔为 200 像素的柔边笔刷，"范围"为"中间调"，"曝光度"为 20%，图 4-68 所示。

图 4-68　"减淡工具"属性栏

步骤5　属性设置好后，在人物皮肤上涂抹，稍微提亮肤色，效果如图 4-69 所示。在涂抹时，注意不要在同一位置反复涂抹。

步骤6　选择"加深工具" ，在其工具属性栏中设置画笔为 40 像素的柔边笔刷，设置"曝光度"为 15%，如图 4-70 所示。

图 4-69　提亮肤色　　　　　　　　　　图 4-70　"加深工具"属性栏

步骤7　属性设置好后，将光标移至人物面部，然后分别在人物的眼睛、鼻翼处小心涂抹，增强人物面部轮廓的立体感；在人物的头发上涂抹，使花白的头发变得黑一点，效果如图 4-71 所示。

步骤 8 利用"多边形套索工具" 制作人物嘴唇的选区，然后将选区羽化 1 像素，如图 4-72 所示。

图 4-71　加深头发　　　　　　　　　　　　图 4-72　制作嘴唇的选区

步骤 9 按【Ctrl+H】组合键隐藏选区，然后将前景色设置为玫红色（# e73278）。选择"画笔工具" ，在其工具属性栏中设置画笔为 30 像素的柔边笔刷，设置"模式"为"柔光"，"不透明度"为 50%，如图 4-73 所示。

图 4-73　"画笔工具"属性栏

步骤 10 属性设置好后，在人物嘴唇上涂抹，使唇彩颜色更鲜，效果如图 4-74 所示，然后按【Ctrl+D】组合键取消选区。

步骤 11 利用"魔棒工具" 和"多边形套索工具" 制作人物衣服的选区，然后将选区羽化 1 像素，如图 4-75 所示。

图 4-74　为人物上唇彩　　　　　　　　　　图 4-75　制作人物衣服选区

步骤 12 将前景色设置为红色（#e60011）。选择"颜色替换工具" ，在其工具属性栏中设

置画笔为 125 像素的硬边笔刷，设置"模式"为"颜色"，单击"连续"按钮，设置"容差"为 30%，其他选项保持默认，如图 4-76 所示。

图 4-76 "颜色替换工具"属性栏

步骤 13 属性设置好后，将光标移至衣服选区内，按下鼠标左键并拖动，改变衣服颜色。按【Ctrl+D】组合键取消选区，得到图 4-77 所示效果。

步骤 14 选择"魔术橡皮擦工具"，在其工具属性栏中设置"容差"为 50，勾选"连续"复选框，其他选项保持默认，属性设置好后，利用"魔术橡皮擦工具"将人物的背景图像擦除，效果如图 4-78 所示。

步骤 15 利用"移动工具"将人物图像直接拖拽到"19.jpg"图像窗口中，并放置于图 4-79 所示位置。到此，本例便制作好了。

图 4-77 改变衣服颜色　　　　　图 4-78 擦除背景图像　　　　　图 4-79 组合图像

任务七　用填充工具组填充图像

任务说明

填充工具组包括"油漆桶工具"和"渐变工具"，如图 4-80 所示，利用它们可为图像填充颜色。

图 4-80 填充工具组

预备知识

一、使用油漆桶工具

选择"油漆桶工具"后，其工具属性栏如图 4-81 所示。设置好所需的填充色和其他属性后，在图像上单击即可使用所设的前景色或图案填充与单击处颜色相近的区域。

选择填充类型　　选择填充的图案　　　　　　　容差值越大，　　　　不勾选该复选框，则填充颜
　　　　　　　　　　　　　　　　　　　　　　填充范围越大　　　　色时，系统仅分析当前图层

图 4-81　"油漆桶工具"属性栏

二、使用渐变工具

利用"渐变工具" ▣可以为图像填充渐变图案。所谓渐变图案，实质上是指具有多种过渡颜色的混合色，该混合色可以是前景色到背景色的过渡，也可以是背景色到前景色的过渡，或其他颜色间的过渡。

> **提示**　"油漆桶工具" ▣只能填充与鼠标单击处颜色相近的颜色，而"渐变工具" ▣填充是整个选区。如果没有创建选区，则填充的是整个当前图层。

（1）填充系统内置的渐变色

步骤1　打开本书配套素材"项目四"文件夹中的"18.psd"图像文件，在"图层"调板中单击选择"背景"层，下面我们将为该图层填充渐变色。

步骤2　选择"渐变工具" ▣，在其工具属性栏单击渐变图标 ▰▰▰▰ 右侧的三角按钮，从弹出的下拉列表中选择一种渐变图案，然后在右侧单击选择一种渐变填充方式 ▰▰▰▰▰，如图 4-82 所示。

选中该复选框可以　　选择该复选框可使渐变的
将渐变图案反向　　　　色彩过渡更加柔和、平滑

单击下拉列表右侧的 ▶ 按钮，在弹出的下拉菜单中可以载入系统提供的更多渐变图案。

图 4-82　"渐变工具"属性栏

步骤3　在"渐变工具" ▣属性栏中设置好相关属性后，将鼠标光标移至图像窗口或选区内，单击并拖动鼠标至合适位置时，释放鼠标即可进行渐变填充，如图 4-83 所示。

> **提示**　在利用"渐变工具" ▣进行填充操作时，单击位置、拖动方向，以及鼠标拖动的长短不同，所产生的渐变效果也不相同。

图 4-83　使用渐变色填充选区

（2）自定义渐变图案

除了使用系统提供的渐变图案外，用户还可根据需要自定义渐变图案。

步骤1 在"渐变工具"█属性栏中单击渐变图标███，打开"渐变编辑器"对话框，如图 4-84 所示。在该对话框渐变颜色条下方和上方的色标决定了渐变图案中的各颜色、透明度和位置，要自定义渐变图案，只需在渐变颜色条的不同位置添加色标并设置色标的颜色或不透明度即可。

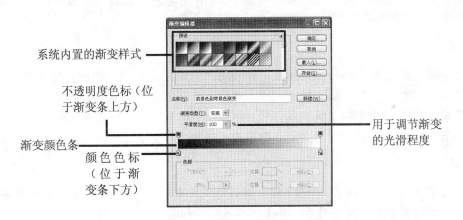

图 4-84　"渐变编辑器"对话框

步骤2 将鼠标光标移至渐变颜色条的下方，当其变成️形状时单击鼠标左键可添加一个颜色色标，可继续在其他位置单击以添加颜色色标，如图 4-85 左图所示。

步骤3 单击某个颜色色标可将其选中（此时色标上方的小三角呈黑色），然后可通过下方"色标"设置区的"颜色"选项设置色标颜色，如图 4-85 右图所示。若双击某个颜色色标，则还可在打开的"拾色器"对话框中为色标选取颜色。

步骤4 单击并拖动色标可调整其位。要删除某个色标，只需将该色标拖出对话框，或在选中色标后，单击"色标"设置区的"删除"按钮。

步骤5 编辑好渐变图案后，单击"确定"按钮关闭"渐变编辑器"对话框，然后可在图像窗口中拖动，为当前图层或选区填充设置好的渐变色。

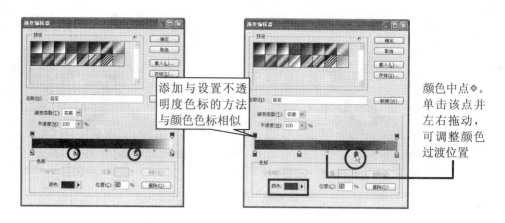

图 4-85　添加色标并设置色标颜色

任务实施——制作彩虹图案

本任务中，我们将通过制作图 4-86 所示的制作彩虹图案效果，来练习填充工具组的使用方法，帮助读者加深对它的理解。最终效果请参考本书配套素材"素材与实例"＞"项目四"文件夹＞"制作彩虹图案.psd"文件。

制作思路

首先新建一个空白文档，然后新建图层，并利用"渐变工具"▣为该图层填充"色谱"渐变，填充类型为"径向渐变" ▣；接着利用"魔棒工具" ▨选区背景色并删除，利用"矩形选框工具" ▣创建选区并删除选区内的图像；再利用"移动工具" ▸将制作好的图案拖拽到另一幅背景图像中；最后调整该图案所在图层的不透明度，完成实例。

制作步骤

步骤1 设置背景色为黑色，按【Ctrl+N】组合键打开"新建文档"对话框，然后参照图 4-87 左图所示设置参数，设置好后，单击"确定"按钮新建一个文档。

步骤2 在"图层"调板中单击"创建新图层"按钮▣，新建"图层 1"，如图 4-87 右图所示。

图 4-86　制作彩虹图案效果图

图 4-87　新建文档和图层

步骤 3 选择"渐变工具" 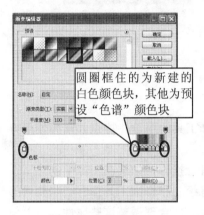 ，单击其工具属性栏中的 ▬▬▬ 按钮，打开"渐变编辑器"对话框。

步骤 4 在"渐变编辑器"对话框中选择"色谱"渐变，然后将各颜色块都拖动到渐变条右侧，再在渐变条下方增加 3 个白色颜色块，位置如图 4-88 所示，完成后单击"确定"按钮。

步骤 5 在渐变工具属性栏中选择"径向渐变" 。确保当前操作层为"图层 1"，然后按住【Shift】键在图像窗口中拖动绘制渐变图案，拖动方向和最终效果如图 4-89 所示。

步骤 6 使用"魔棒工具" 选择图像中的白色区域，然后选择"选择" > "修改" > "羽化"菜单，在打开的对话框的"羽化半径"编辑框中输入 5，单击"确定"按钮将选区羽化 5 像素，这样可以使彩虹边缘变得自然平滑，如图 4-90 所示。

圆圈框住的为新建的白色颜色块，其他为预设"色谱"颜色块

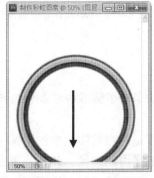

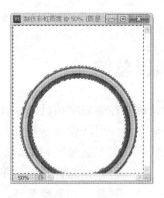

图 4-88　编辑渐变色　　　　图 4-89　绘制渐变色　　　　图 4-90　创建和羽化选区

步骤 7 按【Delete】键将图像中羽化部分删除，如图 4-91 左图所示，然后使用"矩形选框工具" ，在图像底部创建一个矩形选区，如图 4-91 中图所示，再将该选区羽化 20 像素并删除选区内的内容，如图 4-91 右图所示。

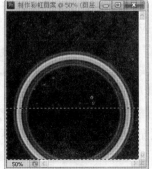

图 4-91　编辑彩虹图像

步骤 8 取消选区，然后打开"项目四"文件夹中的素材图片"21.jpg"，用"移动工具" 将

羽化的彩虹图案移至 21.jpg 图片中，位置如图 4-92 左图所示，最后将 "图层 1" 的不透明度设置为 40，如图 4-92 右图所示。

图 4-92　移动彩虹合成图像

项目总结

读者在学完本项目内容后，除了要了解各种绘制和修饰工具的用途、特点并掌握使用方法外，还应用注意以下几点。

➢ 大多数绘图和修饰工具都是对当前图层中的图像进行操作，如果在图像中创建了选区，则是针对当前图层选区内的图像。此外，所有绘制和修饰工具都有一些共同的属性，如笔刷选择、色彩混合模式和不透明度设置等，合理调整这些属性，可以使绘画效果更好。

➢ "仿制图章工具" ⬛、"修复画笔工具" ⬛、"污点修复画笔工具" ⬛和"修补工具" ⬛通常用来去除图片中的瑕疵。其中，"仿制图章工具" ⬛是将取样点中的图像复制到修复区域；"修复画笔工具" ⬛可以将取样点中的图像自然融入修复区域；"污点修复画笔工具" ⬛不需要定义取样点，只需在修复区域单击即可。

➢ 利用 "图案图章工具" ⬛可以用系统自带的或者用户自己定义的图案绘画。该工具的使用方法和简单，读者应注意的是要掌握自定义图案的方法。

➢ 使用 "历史记录画笔工具" ⬛时，需要先设置 "历史记录画笔的源"，然后可通过涂抹方式将涂抹过的区域恢复到 "历史记录画笔的源" 状态。

➢ 使用 "油漆桶工具" ⬛可以为图像填充颜色；使用 "渐变工具" ⬛可以为图像填充渐变图案，读者应熟练掌握自定义与编辑渐变色的方法。此外，在使用 "油漆桶工具" ⬛时，要注意只能填充与单击处颜色相近（填充范围与 "容差" 有关）的图像区域，而不是填充整个当前图层或选区。

课后操作

1. 打开本书配套素材 "项目四" 文件夹中的 "22.jpg"图像文件，利用 "修补工具" ⬛去除木门上的圆环和孔，如图 4-93 所示。

2．打开本书配套素材"项目四"文件夹中的"23.jpg"图像文件，利用"修复画笔工具"
或"仿制图章工具" 去除人物面部的污点，如图 4-94 所示。

3．打开本书配套素材"项目四"文件夹中的"34.jpg"图像文件，首先利用"仿制图章工具" 去除人物面部的皱纹，然后利用"减淡工具" 美白牙齿，如图 4-95 所示。

图 4-93　去除门上的圆环和孔

提示：

利用"仿制图章工具" 去除人物面部的皱纹时，可在相应的皱纹附近定义取样点，然后将取样点中的图像复制到皱纹上。反复操作，直到去除所有皱纹为止。

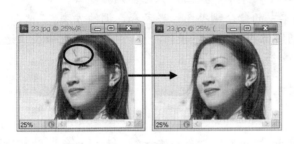
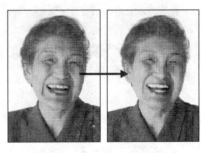

图 4-94　去除人物面部的污点　　　　　　图 4-95　为人物美容

项目五　调整图像色彩与色调

项目描述

　　Photoshop 提供了许多色彩和色调调整命令，利用这些命令我们可以轻松地改变一幅图像的色调及色彩，从而使图像符合设计要求。需要注意的是，大多数图像色彩和色调调整命令都是针对当前图层（如果有选区，则是针对选区内的图像）进行的。

知识目标

- ✎　掌握利用"图像" > "模式"菜单中的命令转换图像颜色模式的方法。
- ✎　掌握利用"图像" > "调整"菜单中的命令调整图像颜色和色调的方法。
- ✎　了解某些命令只能在某些特定的图像模式中执行操作，如"匹配颜色"命令仅适用于 RGB 图像模式。

能力目标

- ✎　能够利用"色阶"、"曲线"、"色相/饱和度"、"色彩平衡"、"替换颜色"、"可选颜色"，以及"去色"、"反相"、"阈值"等命令调整图像的色彩和色调。
- ✎　能够在实践中合理地利用以上命令来纠正过亮、过暗、过饱和或偏色的图像，以及能根据需要熟练地调整图像的明暗度、对比度或颜色等。

任务一　转换颜色模式和自动调整图像

任务说明

　　在 Photoshop 中可以通过"图像" > "模式"菜单下的各项命令来转换图像的颜色模式。此外，利用"图像"菜单中的"自动色调"、"自动对比度"和"自动颜色"命令可以自动调整图像的色调、对比度等，使图像更加完美。下面我们便来学习这些命令的作用和用法。

预备知识

一、转换颜色模式

通过项目一的学习我们知道图像有多种不同的颜色模式，各颜色模式都有自己的特点和用途。例如，在 Photoshop 中编辑图像时，通常使用 RGB 印刷模式，如果希望将编辑好的图片用于印刷，则还需要将其转换为 CMYK 模式。下面是转换图像颜色模式的方法。

打开任意一幅 RGB 模式的素材图片，要转换颜色模式，可选择"图像">"模式"菜单下相应的命令，如选择"CMYK 颜色"，即可将图像转换为 CMYK 颜色模式，如图 5-1 所示。

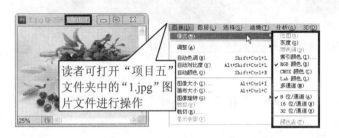

图 5-1　转换图像颜色模式

二、自动调整图像

Photoshop 在"图像"菜单中提供了"自动色调"、"自动对比度"和"自动颜色"几个自动调整色彩的命令，应用效果如图 5-2 所示。读者可打开本书配套素材"项目五"文件夹中的"2.jpg"文件进行操作。

图 5-2　色彩自动调整命令应用效果

> **自动色调**：选择"图像">"自动色调"菜单，可自动将图像每个通道中最亮和最暗的像素定义为白色和黑色，并按比例重新分配中间像素值来调整图像的色调。
> **自动对比度**：选择"图像">"自动对比度"菜单，可以将图像中的最亮和最暗像素映射为白色和黑色，使高光显得更亮而暗调显得更暗，从而使图像显得更有质感。
> **自动颜色**：选择"图像">"自动颜色"菜单，可以通过搜索图像中的明暗像素来自动调整图像的暗调、中间调和高光，从而自动调整图像的颜色。

任务实施——自动调整照片色彩

下面，我们将通过调整图 5-3 所示照片色彩，来练习自动调整命令的综合应用。最终效果请参考本书配套素材"素材与实例">"项目五"文件夹>"自动调整照片色彩.jpg"文件。

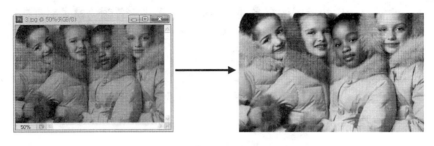

图 5-3　自动调整照片色彩效果前后对比

制作思路

打开素材图片，然后分别利用"自动颜色"和"自动色调"命令调整图像。

制作步骤

步骤1 打开本书配套素材"项目五"文件夹中的"3.jpg"图像文件，如图 5-3 左图所示。

步骤2 选择"图像">"自动颜色"菜单，对图像颜色进行自动调整，如图 5-4 左图所示。原本昏暗的色彩变得明亮了，如图 5-4 右图所示。

步骤3 接着选择"图像">"自动色调"菜单，对图像色调进行自动调整，经调整后的图像色调更加饱满，如图 5-3 右图所示。

用户也可利用快捷键快速应用自动调整图像命令。分别是：自动色调【Shift+Ctrl+L】；自动对比度【Alt+Shift+Ctrl+L】；自动颜色【Shift+Ctrl+B】。

图 5-4　利用"自动颜色"命令调整图像

任务二　调整图像明暗度

任务说明

Photoshop CS5 提供的图像色彩与色调调整命令大部分位于"图像">"调整"菜单中，

如图 5-5 所示。从本任务开始，我们将学习这些命令的使用方法。

图 5-5　图像色调和色彩调整命令

在本任务中我们将学习调整图像明暗度的方法，相关的命令有"色阶"、"曲线"、"亮度/对比度"、"曝光度"和"阴影/高光"，其中"色阶"和"曲线"是调整图像色调和色彩时最常用的命令。

预备知识

一、亮度/对比度

"亮度/对比度"命令是调整图像色调的最简单方法，利用它可以一次性调整图像中所有像素（包括高光、暗调和中间调）的明暗度。

打开要调整的图片，选择"图像" > "调整" > "亮度/对比度"菜单，打开"亮度/对比度"对话框，分别拖动滑块增加或降低"亮度"和"对比度"的值，如图 5-6 中图所示。调整效果满意后，单击"确定"按钮关闭对话框，效果如图 5-6 右图所示。

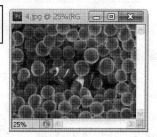

图 5-6　利用"亮度/对比度"调整图像

二、色阶

利用"色阶"命令可以通过调整图像的暗调、中间调和高光的强度级别来校正图像。

步骤 1 打开本书配套素材"项目五"文件夹中的"5.jpg"图像文件，如图 5-7 所示。从图中可知，该图像色调偏灰没有层次，需要进行处理。

步骤 2 选择"图像">"调整">"色阶"菜单，或者按【Ctrl+L】组合键，打开"色阶"对话框，如图 5-8 所示。从对话框的色阶直方图中可以看出，该图像的像素基本上分布在中等亮度区域，而最暗和最亮的地方像素较少，这就是该图像偏灰的原因。

➢ **直方图**：对话框的中间部分称为直方图，其横轴代表亮度范围（从左到右为由全黑过渡到全白），纵轴代表处于某个亮度范围内的像素数量。显然，当大部分像素集中于黑色区域时，图像的整体色调较暗；当大部分像素集中于白色区域时，图像的整体色调偏亮。

➢ **"自动"按钮**：单击该按钮，Photoshop 将把最亮的像素变为白色，把最暗的像素变为黑色，其效果与"自动色阶"命令相同。

➢ **"预览"复选框**：勾选该复选框，在原图像窗口中可预览图像调整后的效果。

➢ **"吸管工具"** 🖋🖋🖋：用于在图像中单击选择颜色。从左至右分别为："设置黑场"按钮🖋，用它在图像中单击，图像中所有像素的亮度值都会减去单击处像素的亮度值，使图像变暗；"设置灰场"按钮🖋，用它在图像中单击，系统将用单击处像素的亮度来调整图像所有像素的亮度；"设置白场"按钮🖋，用它在图像中单击，图像中所有像素的亮度值都会加上单击处像素的亮度值，使图像变亮。

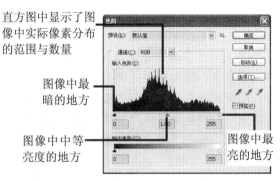

直方图中显示了图像中实际像素分布的范围与数量

图像中最暗的地方

图像中中等亮度的地方

图像中最亮的地方

图 5-7　打开素材图片　　　　　　　　图 5-8　"色阶"对话框

步骤 3 将"输入色阶"左侧的黑色滑块▲稍微拖动，如图 5-9 所示，可看到图像变暗了。这是因为黑色滑块表示图像中最暗的地方，现在黑色滑块所在的位置是原来灰色滑块所在的位置，这里对应的像素原来是中等亮度的，现在被换成最暗的黑色，所以图像变暗了。

步骤 4 按住【Alt】键，"色阶"对话框中的"取消"按钮变成"复位"按钮，单击"复位"按钮，使各项参数恢复到初始状态（该方法适用于所有的色彩调整对话框）。

步骤 5 用鼠标将"输入色阶"最右边的白色滑块▲移至中间，如图 5-10 所示，可以看到图像变亮了，原理与调整黑色滑块相同（白色滑块代表图像中最亮的地方）。

步骤6 将各项参数恢复到初始状态。将中间灰色滑块██向右拖动，如图 5-11 所示，可看到图像变暗了。这是因为灰色滑块当前所在位置的像素原来是很亮的，现在被指定为中等亮度的像素，所以图像变暗了。同理，若将灰色滑块向左拖动，图像会变亮。

图 5-9　调整黑色滑块的位置　　图 5-10　调整白色滑块的位　　图 5-11　调整灰色滑块的位置

步骤7 按照上述步骤调整滑块的位置后，得到的图像效果都不理想。下面我们来学习正确设定图像黑白场的方法。再次将各项参数恢复到初始状态。

步骤8 将"输入色阶"的黑色滑块稍向右拖动一点，确定这里为图像最暗的点，也称为"黑场"；将白色滑块稍向左拖动一点，确定该点为图像最亮的点，也称为"白场"；将中间灰色滑块稍向左拖动，提亮部分黑色像素区域，如图 5-12 左图所示。

步骤9 这样，图像中有了最暗和最亮的像素，色调就基本正常了，如图 5-12 右图所示。最后单击"确定"按钮关闭对话框。

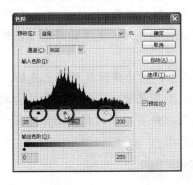 

图 5-12　正确设置黑白场

三、曲线

利用"曲线"命令可以精确调整图像，赋予那些原本应当报废的图片新的生命力。该命令是用来改善图像质量的首选工具，它不但可调整图像整体或单独通道的亮度、对比度和色彩，还可调节图像任意局部的亮度。

步骤1 打开本书配套素材"项目五"文件夹中的"6.jpg"图像文件，如图 5-13 所示。由图可知，该图像灰蒙蒙的，层次感不强。下面我们就来利用"曲线"命令综合调整该图像的亮度、对比度和色彩饱和度，以增加其层次感与质感。

步骤 2 选择"图像">"调整">"曲线"菜单，或者按【Ctrl+M】组合键，打开"曲线"对话框，如图 5-14 所示。其中部分选项的意义如下：

打开"曲线"对话框后，在图片某位置单击，曲线上会出现一个闪烁点，这便是该位置像素的色调

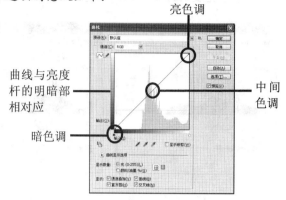

亮色调

曲线与亮度杆的明暗部相对应

中间色调

暗色调

图 5-13　打开素材图片　　　　　　　　图 5-14　"曲线"对话框

➢ "曲线"对话框中表格的横坐标代表了原图像的色调，纵坐标代表了图像调整后的色调，其变化范围均在 0～255 之间。在曲线上单击可创建一个或多个节点，拖动节点可调整节点的位置和曲线的形状，从而达到调整图像明暗程度的目的。

➢ **通道**：单击其右侧的下拉三角按钮▼，可从弹出的下拉列表中选择单色通道，从而对单一的颜色进行调整。

➢ 　该按钮默认为打开状态，表示可以通过拖动曲线上的节点来调整图像。

➢ 　单击该按钮，将光标置于图像窗口中，上下拖动鼠标可调整该位置像素的色调。

步骤 3 将光标移至曲线下部并单击，创建一个节点，然后将其稍向下拖动，至适当位置后松开鼠标，如图 5-15 所示。这样便降低了图像的亮度，尤其是降低了图像中偏暗像素的亮度。

步骤 4 将光标移至曲线的上部单击，再创建一个节点，然后将该其稍向上拖动，到适当位置后松开鼠标。这样便增加了图像的亮度，尤其是增加了图像偏亮像素的亮度，如图 5-16 所示。此时，曲线呈 S 型，这种 S 型曲线可以同时扩大图像的亮部和暗部的像素范围，对于增强图像的反差和层次很有效。

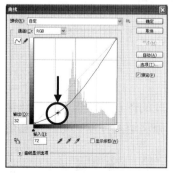

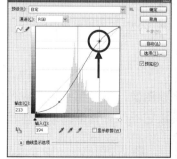

图 5-15　调整图像的暗部区域　　　　　　图 5-16　调整图像的亮部区域

步骤5　在曲线对话框中单击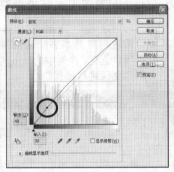按钮，然后将光标移动到图像窗口中天空的区域，向上拖动鼠标，到合适的位置后松开鼠标。拖动时，系统自动调整曲线并使该区域变亮，以增强图像的层次感，如图5-17所示。最后单击"确定"按钮关闭对话框。

图5-17　根据图像自动调整曲线

四、曝光度

利用"曝光度"命令可以模拟照相机的"曝光"效果，主要用于提高图像局部区域（亮色调）的亮度。

打开要调整的图像，选择"图像">"调整">"曝光度"菜单，打开"曝光度"对话框，在其中拖动曝光度、位移和灰度系数校正滑块，即可调整图像亮度，如图5-18所示。

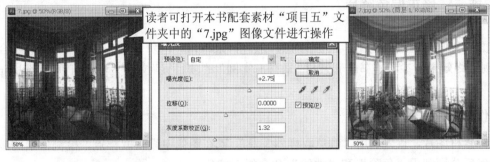

读者可打开本书配套素材"项目五"文件夹中的"7.jpg"图像文件进行操作

图5-18　利用"曝光度"调整图像

"曝光度"对话框中各选项的意义如下所示。

➤ **曝光度**：用于调整色调范围的高光端，对极限阴影的影响很轻微。

➤ **位移**：使阴影和中间调变暗或变亮，对高光的影响很轻微。

➤ **灰度系数校正**：使用简单的乘方函数调整图像的灰度系数。

➤ **"吸管工具"**：分别单击"在图像中取样以设置黑场"按钮、"在图像中取样以设置灰场"按钮和"在图像中取样以设置白场"按钮，然后在图像中最亮、中间亮度或最暗的位置单击鼠标，可使图像整体变暗或变亮。

五、阴影/高光

阴影/高光"命令适用于校正由强逆光而形成剪影的照片，或者校正由于太接近相机闪光灯而有些发白的焦点。在用其他方式采光的图像中，这种调整也可用于使暗调区域变亮，如图 5-19 所示。

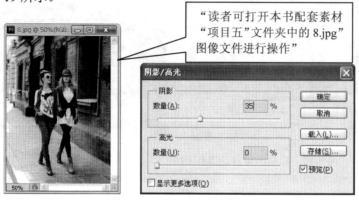

"读者可打开本书配套素材"项目五"文件夹中的 8.jpg"图像文件进行操作"

图 5-19　使用"暗调/高光"命令调整照片

"阴影/高光"命令不是简单地使图像变亮或变暗，它允许分别控制图案中的暗调和高光。默认值设置为修复具有逆光问题的图像。

任务实施——修正偏色照片

下面，我们将通过修正图 5-20 所示照片颜色，来练习"色阶"和"曲线"命令的综合应用。案例最终效果请参考本书配套素材"素材与实例">"项目五"文件夹>"修正偏色照片.jpg"文件。

制作思路

打开素材图片，首先利用"颜色取样器工具" ✎ 在图像中设置取样点，检测像素的颜色信息；然后分别利用"色阶"和"曲线"命令纠正偏色。

制作步骤

步骤1 打开本书配套素材"项目五"文件夹中的"9.jpg"图像文件，如图 5-20 左图所示。按【F8】键打开"信息"调板，此时选择"颜色取样器工具" ✎ 工具，并将鼠标指针在图像中移动，可看到"信息"调板上的颜色参数等信息在变化，这是光标所在位置的像素的颜色信息。

步骤2 在图像中图 5-21 左图所示的位置依次单击鼠标左键创建 4 个取样点，然后在"信息"调板中可看到取样点的颜色信息，如图 5-21 右图所示。从各个取样点的颜色信息获知，在 RGB 参数中 R 值较高，也就是说红色较多，照片有点偏红。

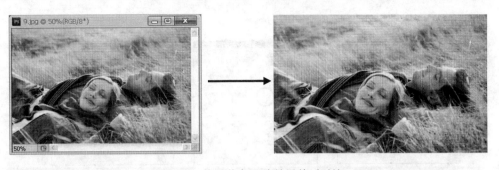

图 5-20　修正偏色照片效果前后对比

图 5-21　创建颜色取样点

步骤 3　按【Ctrl+L】组合键打开"色阶"对话框，选中对话框中的"设置灰场"吸管工具，在图 5-21 左图中设置的衣服处的取样点上单击，这个取样点位置的颜色就恢复为 R ≈ G ≈ B，也就是自动减少了红色，相应地增加了绿色和蓝色，整个图像的颜色也被校正过来，如图 5-22 右图所示。用"吸管工具"在图像中的各个地方检测，可看到 R 值都降低了。

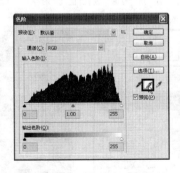

图 5-22　用"色阶"命令调整照片

步骤 4　如果对照片的色调还不满意，我们还可用"曲线"命令对其进一步调整。按【Ctrl+M】组合键打开"曲线"对话框。根据照片的实际情况，分别调整 R、G、B 通道的曲线形状，如图 5-23 所示。调整满意效果后，单击"确定"按钮，得到图 5-20 右图所示的效果。

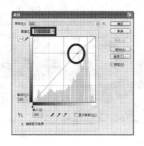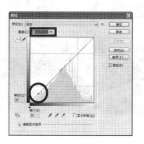

图 5-23 用"曲线"命令调整照片

任务三 调整图像色彩（上）

任务说明

在 Photoshop 的"图像">"调整"菜单中提供了多种用于调整图像色彩的命令，其中"自然饱和度"、"色相/饱和度"、"色彩平衡"等命令比较简单，适合初学者使用。

预备知识

一、自然饱和度

利用"自然饱和度"命令可以将图像的色彩调整到自然的鲜艳状态。例如可以用来调整人物图像，使人物皮肤的色彩不失真。

打开要调整的图像，选择"图像">"调整">"自然饱和度"菜单，打开"自然饱和度"对话框，左右拖动"自然饱和度"和"饱和度"滑块，即可调整图像色彩，如图 5-24 所示。

读者可打开本书配套素材"项目五"文件夹中的"10.jpg"图像文件进行操作

图 5-24 利用"自然饱和度"调整图像色彩

二、色相/饱和度

利用"色相/饱和度"命令可以调整图像整体颜色或单个颜色成分的"色相"、"饱和度"和"明度"，从而改变图像的颜色，或为黑白图片上色等。

打开要调整的图片，选择"图像">"调整">"色相/饱和度"菜单，或者按【Ctrl+U】组合键，打开"色相/饱和度"对话框，左右拖动"色相"、"饱和度"和"明度"滑块，即可调整图像色彩，如图5-25所示。

"色相/饱和度"对话框中各选项意义如下所示：

> 全图 ：单击 按钮，可从展开的下拉列表中选择要调整的颜色。其中，选择"全图"可一次性调整所有颜色。若选择其他单色，调整参数时只对所选颜色起作用。

图5-25　利用"色相/饱和度"命令调整图像色彩

> **色相**：在"色相"编辑框中输入数值或左右拖动滑块可调整图像的颜色。
> **饱和度**：也就是颜色的纯度。饱和度越高，颜色越纯，图像越鲜艳，否则相反。
> **明度**：也就是图像的明暗度。
> **"着色"复选框**：若选中该复选框，可使灰色或彩色图像变为单一颜色的图像。
> ：单击该按钮，将光标放置在图像窗口中，左右拖动鼠标可调整与鼠标单击处颜色相似像素的饱和度。

三、色彩平衡

利用"色彩平衡"命令可以快速调整偏色的图片。它可以单独调整图像的暗调、中间调和高光的色彩，使图像恢复正常的色彩平衡关系。

打开要调整的图片，选择"图像">"调整">"色彩平衡"菜单，或者按【Ctrl+B】组合键，打开"色彩平衡"对话框，在"色调平衡"设置区选择需要调整的色调范围，然后拖动相应滑块，即可调整图像色彩，如图5-26所示。

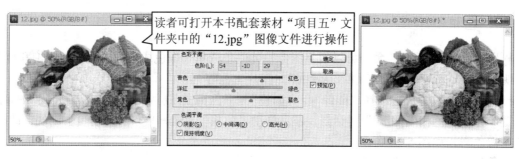

图 5-26　利用"色彩平衡"命令调整图像

四、黑白与去色

1. 黑白

利用"黑白"命令可以将彩色图像转换为灰色图像，并可对单个颜色成分作细致的调整。另外，用户可为调整后的灰色图像着色，将其变为单一颜色的彩色图像。

打开本书配套素材"项目五"文件夹中的"13.jpg"图像文件，选择"图像">"调整">"黑白"菜单，打开"黑白"对话框，此时照片已经变为黑白效果，勾选"色调"复选框，并拖动相应滑块调整颜色成分的亮度，即可调整图像色彩，如图 5-27 所示。

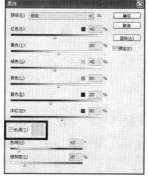

图 5-27　利用"黑白"命令调整图像色彩

2. 去色

利用"去色"命令可以去除整幅图像或选区内图像的彩色，从而在不更改图像的颜色模式的情况下将图像转换为灰色图像。该命令用法很简单，只需在打开图像后，选择"图像">"调整">"去色"菜单，或者按【Shift+Ctrl+U】组合键即可。

五、照片滤镜

"照片滤镜"命令是模仿在相机镜头前面加一个彩色滤镜，用户可以通过选择不同颜色的滤镜调整图像的颜色。此外，该命令还允许用户选择预设的颜色对图像进行颜色调整。

打开要调整的图像，选择"图像">"调整">"照片滤镜"菜单，在打开的"照片滤镜"

对话框中设置相关参数，单击"确定"按钮，即可调整图像效果，如图 5-28 所示。

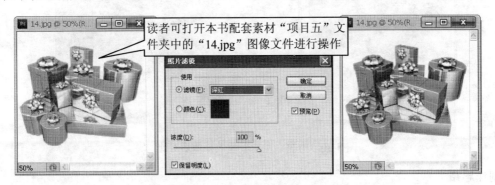

图 5-28　利用"照片滤镜"命令调整图像

六、通道混合器

"通道混合器"命令是使用当前颜色通道的混合来修改颜色通道，从而达到改变图像颜色的目的。

打开本书配套素材"项目五"文件夹中的"15.jpg"图像文件，选择"图像">"调整">"通道混合器"菜单，打开"通道混合器"对话框，在"输出通道"下拉列表中选择要调整的通道，然后拖动相应滑块调整图像色彩，如图 5-29 所示。

图 5-29　利用"通道混合器"命令调整图像色彩

任务实施——为黑白照片着色

下面，我们将通过为图 5-30 所示的黑白照片着色，练习使用"色相/饱和度"命令为图像着色的方法。案例最终效果请参考本书配套素材"素材与实例">"项目五"文件夹>"为黑白照片着色.psd"文件。

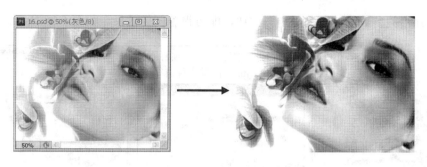

图 5-30　为黑白照片着色效果前后对比

制作思路

打开素材图片，首先将素材图片的色彩模式进行转换，然后用"曲线"、"色相/饱和度"等命令分别为人物的皮肤、嘴唇、面部花朵、头发和眉毛着色，最后用"亮度/对比度"命令美白人物牙齿，用"色阶"命令校正图片的暗调、中间调和高光的强度级别。

制作步骤

步骤 1　打开本书配套素材"项目五"文件夹中的"16.psd"图像文件，该图片的模式为灰度模式，如图 5-30 左图所示。

步骤 2　选择"图像" > "模式" > "RGB 颜色"菜单，将照片转换成 RGB 颜色模式。

步骤 3　选择"选择" > "载入选区"菜单，打开"载入选区"对话框，在"通道"下拉列表中选择"皮肤"，然后单击"确定"按钮，即可将人物的皮肤制作成选区，如图 5-31 所示。

图 5-31　载入选区

步骤 4　按【Shift+F6】组合键打开"羽化选区"对话框，在对话框中设置"羽化半径"为 2，单击"确定"按钮关闭对话框。

步骤 5　按【Ctrl+H】组合键隐藏选区。按【Ctrl+U】组合键，在弹出的"色相/饱和度"对话框中勾选"着色"复选框，再设置"色相"为 360，"饱和度"为 26，"明度"为 19，单击"确定"按钮关闭对话框，人物的皮肤被着色，如图 5-32 所示。

图 5-32 使用"色相/饱和度"命令为皮肤着色

步骤 6 按【Ctrl+M】组合键打开"曲线"对话框,在"通道"下拉列表中选择"红",然后将曲线调整至图 5-33 左图所示形状,单击"确定"按钮,此时可看到人物的皮肤变得红润有光泽了,如图 5-33 右图所示。

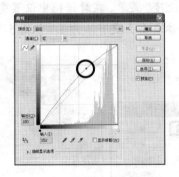

图 5-33 用"曲线"命令调整肤色

步骤 7 参考步骤 3 中的方法打开"载入选区"对话框,在"通道"下拉列表中选择"嘴唇和花朵",然后单击"确定"按钮,将人物的嘴唇和人物面部的花朵制作成选区,并羽化 1 个像素,如图 5-34 左图所示。然后用"色相/饱和度"命令为它们着色,其参数设置及效果分别如图 5-34 中图和右图所示。

图 5-34 为嘴唇和人物面部的花朵着色

步骤 8 参考步骤 3 中的方法打开"载入选区"对话框,在"通道"下拉列表中选择"头发和眉毛",然后单击"确定"按钮,将人物的头发和眉毛制作成选区,并羽化 2 个像素，如图 5-35 左图所示。继续用"色相/饱和度"为头发和眉毛着色，参数设置及效果如图 5-35 中图和右图所示。

图 5-35　为头发和眉毛着色

步骤 9　参考步骤 3 中的方法打开"载入选区"对话框，在"通道"下拉列表中选择"牙齿"，然后单击"确定"按钮，将人物的牙齿制作成选区，并羽化 1 个像素，如图 5-36 左图所示。选择"图像">"调整">"亮度/对比度"菜单，在对话框中设置亮度为"108"，如图 5-36 中图所示。人物的牙齿变白，整体看上去更有活力了，如图 5-36 右图所示。

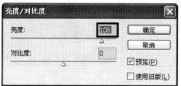

图 5-36　美白牙齿

步骤 10　由于图像的整体色调较亮，下面为其调整暗调、中间调和高光的强度级别。按【Ctrl+L】组合键，打开"色阶"对话框，用鼠标拖动对话框中的滑块，使图像的颜色层次更加丰富，如图 5-37 所示，最终效果如图 5-30 右图所示。

任务四　调整图像色彩（下）

任务说明

Photoshop 还提供了较为高级的用于调整图像色彩的命令，如"匹配颜色"、"替换颜色"、"色调均化"等。用户可根据当前图像的情况和希望得到的效果，选择合适的命令。

图 5-37　校正图像黑白场

预备知识

一、匹配颜色

利用"匹配颜色"命令可以将当前图像或当前图层中图像的颜色与其他图层中的图像或其他图像文件中的图像相匹配，从而改变当前图像的主色调。例如，如果将当前图像与一幅主色调为蓝色的图像相匹配，则当前图像的主色调被修改为蓝色。不过，该命令仅适用于 RGB 模式图像。

打开本书配套素材"项目五"文件夹中的"17.jpg"和"28.jpg"图像文件，选择"图像">"调整">"匹配颜色"菜单，打开"匹配颜色"对话框，如图 5-38 所示，其中各选项的意义如下。

图 5-38　"匹配颜色"对话框

➢ **"图像选项"设置区**：用于调整目标图像的亮度、色彩饱和度，以及应用于目标图像的调整量。选中"中和"复选框表示匹配颜色时自动移去目标图层中的色痕。

➢ **"图像统计"设置区**：用于设置匹配颜色的图像来源和所在的图层。在"源"下拉列表中列出了当前 Photoshop 打开的其他图像文件，用户可以选择用于匹配颜色的图像文件，所选图像的缩略图将显示在右侧预览框中。如果用于匹配的图像含有多个图层，可在"图层"下拉列表列表框中指定用于匹配颜色图像所在图层。

图 5-39 所示为利用"匹配颜色"命令匹配颜色前后的效果。

图 5-39　匹配颜色前后对比效果

二、替换颜色

利用"替换颜色"命令可以使用其他颜色替换图像中特定范围内的颜色。

步骤 1 打开本书配套素材"项目五"文件夹中的"18.jpg"文件，并利用前面所学知识制作蝴蝶的大致选区（不一定精确选取），确定要调整的大致范围，如图 5-40 左图所示。

步骤 2 选择"图像">"调整">"替换颜色"菜单，打开"替换颜色"对话框，如图 5-40 中图所示。在对话框中选择"吸管工具" ，在蝴蝶翅膀的蓝色区域上单击确定取样点。取样后，在对话框的预览框中看到与取样点相似的颜色变为白色，表示这些颜色已被选中。

步骤 3 若蝴蝶翅膀的蓝色区域没有全被选中，则在对话框预览框中的蝴蝶翅膀蓝色区域会有未变白区域，此时可选择"添加到取样"按钮 ，在玫瑰花上单击未选取的颜色，或拖动滑块将"颜色容差"调整得大一些，直到预览框中的蝴蝶翅膀蓝色区域全变为白色，如图 5-40 中图所示。

步骤 4 在"替换"设置区中将"色相"设为 70，"饱和度"设为 40，其他选项保持默认，如图 5-42 中图所示。单击"确定"按钮，蝴蝶翅膀由蓝色变为了紫色，而且保持纹理不变，如图 5-40 右图所示。

图 5-40 利用"替换颜色"命令调整图像色彩

三、色调均化

利用"色调均化"命令，可均匀地调整整个图像的亮度色调。在使用此命令时，系统会将图像中最亮的像素转换为白色，将最暗的像素转换为黑色，其余的像素也相应地进行调整。

四、变化

"变化"命令可以让用户直观地调整图像或选区内图像的色彩平衡、对比度和饱和度等。选择"图像">"调整">"变化"菜单，打开"变化"对话框，其中各选项的意义如图 5-41

所示。

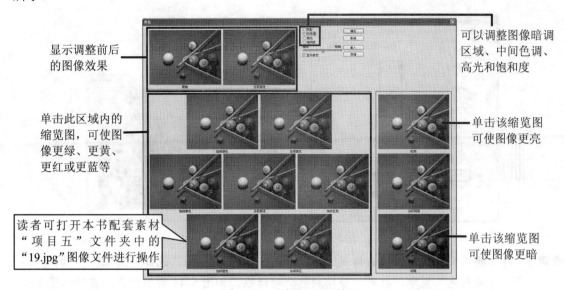

显示调整前后
的图像效果

可以调整图像暗调
区域、中间色调、
高光和饱和度

单击此区域内的
缩览图，可使图
像更绿、更黄、
更红或更蓝等

单击该缩览图
可使图像更亮

读者可打开本书配套素材
"项目五"文件夹中的
"19.jpg"图像文件进行操作

单击该缩览图
可使图像更暗

图 5-41　"变化"对话框

任务实施——替换人物衣服颜色

下面，我们通过替换图 5-42 所示的人物衣服颜色，练习使用"匹配颜色"和"替换颜色"命令调整图像颜色的方法。案例最终效果请参考本书配套素材"素材与实例" > "项目五"文件夹> "替换人物衣服颜色.jpg"文件。

图 5-42　替换人物衣服颜色效果前后对比

制作思路

打开素材图片，首先利用"匹配颜色"命令调整目标图像的主色调，然后利用"替换颜色"命令改变人物衣服的颜色，最后保存图像，完成制作。

制作步骤

步骤 1　打开本书配套素材"项目五"文件夹中的"20.jpg"和"21.jpg"图像文件，如图 5-42 左图和中图所示。

步骤 2　将"20.jpg"图像置为当前窗口，选择"图像" > "调整" > "匹配颜色"菜单，打开 "匹配颜色"对话框，使用 21.jpg 图像匹配 20.jpg 图像的颜色，其参数设置及效果分别如图 5-43 所示。

图 5-43　调整图像主色调

步骤 3　将人物衣服的绿色区域制作成选区，如图 5-44 左图所示，选择"图像"＞"调整"＞
"替换颜色"菜单，打开"替换颜色"对话框，如图 5-44 右图所示。在对话框中选
择"吸管工具" 🖋，在人物衣服的绿色区域上单击确定取样点。

步骤 4　在"替换"设置区中将"色相"设为-99，"饱和度"设为 51，"明度"设为 21，其
他选项保持默认，如图 5-44 右图所示。单击"确定"按钮，人物衣服由冷调的绿色
变为了暖调的黄绿色，而且保持纹理不变，最终效果如图 5-42 右图所示。

图 5-44　替换人物衣服颜色

任务五　特殊色彩调整命令

任务说明

在 Photoshop 的"图像"＞"调整"菜单中还提供了一组特殊用途的色彩和色调调整命令，

如反相、色调分离和阈值等。这些命令通常用于增强颜色或产生特殊效果，而不用于校正颜色。

预备知识

一、反相

利用"反相"命令可将图像的色彩进行反相，以原图像的补色显示，常用于制作胶片效果。"反相"命令是唯一一个不丢失颜色信息的颜色调整命令，再次执行该命令可恢复原图像。

二、色调分离

利用"色调分离"命令可调整图像中的色调亮度，减少并分离图像的色调。执行该命令时，通过设置色阶值决定图像变化的剧烈程度。其值越小，图像变化越剧烈；反之越轻微。

三、阈值

利用"阈值"命令，可将一个灰度或彩色图像转换为高对比度的黑白图像。此命令允许用户将某个色阶指定为阈值，所有比该阈值亮的像素会被转换为白色，所有比该阈值暗的像素会被转换为黑色，如图 5-45 所示。读者可打开本书配套素材"项目五"文件夹中的"22.jpg"图像文件进行操作。

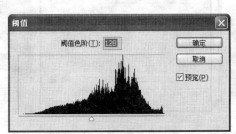

图 5-45　利用"阈值"命令调整图像

四、渐变映射

利用"渐变映射"命令可为图像添加各种渐变颜色效果。与前面讲述的使用"渐变工具"不同的是，渐变映射首先把图像转换为灰度，然后再用渐变条中显示的不同颜色来映射图像中的各级灰度，从而制作出特殊图像效果。

打开本书配套素材"项目五"文件夹中的"23.jpg"图像文件，选择"图像">"调整">"渐变映射"菜单，打开"渐变映射"对话框，选择或设置好合适的渐变色后，单击"确定"按钮即可，如图 5-46 所示。

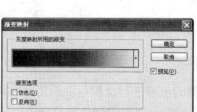

图 5-46　利用"渐变映射"命令调整图像色彩

五、可选颜色

"可选颜色"命令用于校正色彩不平衡问题和调整颜色。利用它可以有选择地修改任何主要颜色（红、黄、绿、青、蓝等）中的印刷色数量，而不会影响其他主要颜色。

打开要调整的图像（可打开本书配套素材"项目五"文件夹中的"24.jpg"图像文件），选择"图像" > "调整" > "可选颜色"菜单，打开"可选颜色"对话框，在"颜色"下拉列表中选择要调整的颜色，然后拖动相应滑块，即可调整图像色彩，如图 5-47 所示。

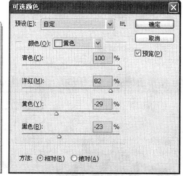

图 5-47　利用"可选颜色"命令调整图像色彩

任务实施——制作艺术化效果相片

本任务中，我们将通过制作图 5-48 所示的艺术照片，练习利用"渐变映射"、"阈值"等特殊命令调整图像的方法。案例最终效果请参考本书配套素材"素材与实例" > "项目五"文件夹> "制作艺术化效果相片.psd"文件。

制作思路

打开素材图片，首先利用"渐变映射"命令调整图像的色彩，然后复制图层，利用"阈值"命令调整图像的黑白对比度，最后调整图层混合模式和不透明度，完成制作。

制作步骤

步骤1 打开本书配套素材"项目五"文件夹中的"25.jpg"图像文件，选择"图像">"调整">"渐变映射"菜单，打开"渐变映射"对话框，单击渐变条后面的下三角按钮，在弹出的下拉列表中选择Photoshop CS5提供的"黑，白渐变"，再单击"确定"按钮即可，如图5-49所示。

图5-48 制作艺术化效果相片　　　　图5-49 利用"渐变映射"命令调整图像色彩

步骤2 在"图层"面板中选择"背景"图层，按住鼠标左键拖拽到"创建新图层"按钮上，释放鼠标即复制了一个图层，如图5-50所示。

步骤3 选择"图像">"调整">"阈值"菜单，打开"阈值"对话框，输入"阈值色阶"值，单击"确定"按钮，即可得到高对比度的黑白图像，如图5-51所示。

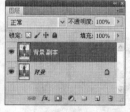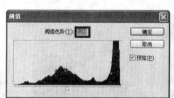

图5-50 复制图层　　　　图5-51 调整图像黑白对比度

步骤4 最后将"背景副本"图层的混合模式改为"柔光"，不透明度设置为"40"，如图5-52左图所示，即可得到一张水墨效果的艺术照片，如图5-52右图所示。

图5-52 调整图层混合模式和不透明度

项目总结

本项目主要介绍了 Photohsop CS5 的色调和色彩调整命令的用法。读者在学完本项目内容后，应注意以下几点。

- ➢ 对图像进行色调、色彩等调整时，如果图像中有选区，则是针对选区内的区域进行调整，否则是针对当前图层进行调整。
- ➢ 在对选区内图像进行调整时，还可以对先选区进行羽化，然后再进行相应调整，这样可以使选区边缘图像自然柔和。
- ➢ "曲线"、"色阶"、"色相/饱和度"和"色彩平衡"命令是在实际工作中最常用的几个色调和色彩调整命令，用户应重点掌握。

课后操作

1. 打开本书配套素材"项目五"文件夹中的"26.jpg"图像文件，利用"曲线"命令调整图像，调整前后的对比效果如图 5-53 所示。

2. 打开本书配套素材"项目五"文件夹中的"27.jpg"图像文件，分别利用"曲线"和"色相/饱和度"命令调整图像，调整前后的对比效果如图 5-54 所示。

提示：

首先制作天空和小河的选区，然后反选选区并羽化，再依次利用"曲线"和"色相/饱和度"命令调整草地和山图像；接着将选区再次反选以选中天空和小河，然后分别利用"曲线"和"色相/饱和度"命令调整图像。

图 5-53　调整图像前后效果　　　　　图 5-54　调整图像前后对比效果

项目六 应用图层与蒙版

项目描述

在前面的学习中，我们已经对图层有了简单的了解。图层是 Photoshop 中最为重要和常用的功能之一，Photoshop 强大而灵活的图像处理功能，在很大程度上都源自它的图层功能。本项目我们就来系统地学习图层的相关知识，如"图层"调板的组成，图层的类型及创建方法，图层的基本操作，图层样式和图层蒙版等。

知识目标

- 了解"图层"调板和图层的分类；掌握图层的创建，以及设置图层混合模式和不透明度的方法。
- 掌握图层的基本操作，以及应用图层样式、图层蒙版、调整层、填充层，图层组和剪辑组的方法。

能力目标

- 能够创建各种类型的图层，如普通图层、调整图层和填充图层等。
- 能够对各种类型的图层进行操作，如选择、调整图层顺序、隐藏/显示和合并图层等。
- 能够设置图层混合模式和不透明度，以制作出各种图像融合效果。
- 能够添加图层样式，能够创建与编辑图层蒙版，以制作出各种特殊的图像效果。
- 能够在实践中应用 Photoshop 图层的各项功能制作出需要的图像。

任务一 初识图层

任务说明

在 Photoshop 中，我们可以将一幅图像的不同部分分别放置在不同的图层中，从而方便单独对图像的不同部分进行编辑和处理。此外，利用图层还可为图像添加各种特殊效果。下面，我们主要了解一下"图层"调板和图层分类，掌握创建图层，以及设置图层混合模式和不透明度的方法。

预备知识

一、了解"图层"调板

在 Photoshop 中，对图层的操作和管理主要依靠"图层"调板和"图层"菜单来完成的。其中，利用"图层"调板可以显示和编辑当前图像窗口中的所有图层，如创建、显示、删除、重命名图层，调整图层顺序，应用图层样式，创建图层组、图层蒙版等。

打开本书配套素材"项目六"文件夹中的"1.psd"图像文件，选择"窗口" > "图层"菜单，或者按【F7】键，打开"图层"调板，可看到该幅图像是由多个图层组成的，如图 6-1 所示。图中标注出了"图层"调板中各组成元素的意义及 Photoshop 中的图层类型。

二、图层的分类和创建

Photoshop 中的图层有多种类型，如普通图层、背景图层、调整图层、填充图层、形状图层和文本图层等，如图 6-1 所示。各图层类型的作用如下。

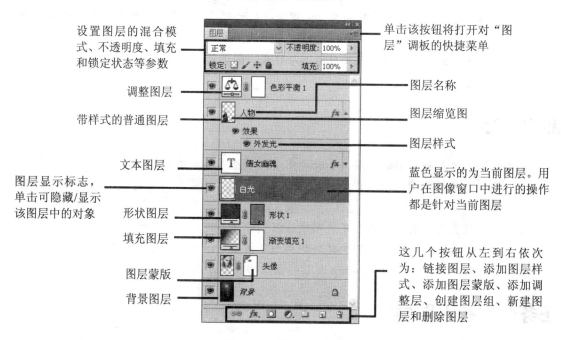

图 6-1　"图层"调板

> **普通图层**：普通图层是 Photoshop 中最基本、最常用的图层。为方便编辑图像，常常需要创建普通图层，并将图像的不同部分放置在不同的图层中。

- ➢ **背景图层**：新建的图像通常只有一个图层，那就是背景图层。背景图层具有永远都在最下层、无法移动其内的图像（选区内的图像除外）、不能包含透明区域（透明区域是图层中没有像素的区域，这些区域将显示该图层下方图层中的内容）、无法应用图层样式和蒙版，以及可以在其上进行填充或绘画等特点。
- ➢ **文字图层**：使用文字工具创建文本时自动创建的图层，只能用来存放文本。
- ➢ **形状图层**：利用形状工具绘制形状时自动创建的图层，只能用来存放形状。
- ➢ **调整图层和填充图层**：用来无损调整该图层下方图层中图像的色调、色彩和填充。

要创建普通图层，可执行如下操作之一。

- ➢ 单击"图层"调板底部的"创建新图层"按钮，此时将在当前所选图层上方创建一个完全透明的图层，如图 6-2 所示。
- ➢ 选择"图层">"新建">"图层"菜单或按【Shift+Ctrl+N】组合键，打开"新建图层"对话框，在该对话框中输入图层名称，单击"确定"按钮，如图 6-3 所示。

其他选项均可
保持默认设置

图 6-2　新建图层　　　　　　　　　　图 6-3　"新建图层"对话框

- ➢ 复制图像时（复制选区图像除外），系统将自动创建（复制）一个普通图层，并将复制的图像放置在该图层中。

小技巧

> 　　用户不能直接创建背景图层，但可将普通图层转换为背景图层，方法是在"图层"调板中选中要转换的普通图层，然后选择"图层">"新建">"图层背景"菜单，此时该图层将被转换为背景图层。
> 　　要将背景图层转换为普通图层，可双击背景图层，打开"新建图层"对话框进行操作；若按住【Alt】键双击，则可直接将背景图层转换为普通图层。
> 　　至于其他图层的创建和应用方法，我们将在后面陆续讲解。

三、设置图层混合模式和不透明度

通过设置图层的混合模式和不透明度，可制作出特殊的图像效果。

1. 图层混合模式

图层混合模式用来设置当前图层如何与下方图层进行颜色混合，以制作出一些特殊的图像融合效果。

例如，打开本书配套素材"项目六"文件夹中的"2.psd"图像文件，选中要设置混合模式的图层，然后单击"图层"调板中的"混合模式"下拉列表框按钮，在打开的下拉列表中列出了系统提供的 27 种图层混合模式，从中选择所需的模式即可，如图 6-4 所示。

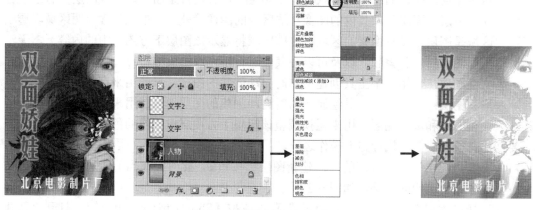

图 6-4   为图层设置混合模式

2. 图层的不透明度

通过修改图层的不透明度也可改变图像的显示效果。在 Photoshop 中，用户可改变图层的两种不透明度设置：一是图层整体的不透明度，设置方法和效果如图 6-5 所示；二是图层内容的不透明度即填充不透明度（只图层内容受影响，图层样式不受影响），设置方法和效果如图 6-6 所示。读者可打开本书配套素材"项目六"文件夹中的"3.psd"图像文件进行操作。

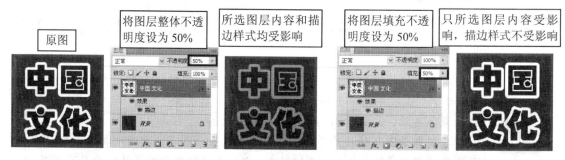

图 6-5   设置图层整体不透明度   图 6-6   设置图层填充不透明度

任务实施——制作破损墙面上的水彩画

下面，我们将通过制作图 6-7 所示的破损墙面上的水彩画，学习复制图层和设置图层混合模式的方法。案例最终效果请参考本书配套素材"素材与实例" > "项目六"文件夹 > "制作破损墙面上的水彩画.psd"文件。

制作思路

首先打开素材图片并复制图层；然后分别对副本图层执行"木刻"、"干画笔"和"中间值"滤镜，并分别更改副本图层的混合模式，从而制作出水彩画效果；最后置入破损墙面图像，并设置该图层的混合模式。

制作步骤

步骤1 打开本书配套素材"项目六"文件夹中的"4.jpg"图像文件，如图6-8左图所示。按【F7】键打开"图层"调板，然后按3次【Ctrl+J】组合键，将"背景"图层分别复制为"图层1"、"图层1副本"和"图层1副本2"，如图6-8右图所示。

图6-7　水彩画效果　　　　　　　　　　图6-8　打开素材图片并复制图层

步骤2 在"图层"调板中单击选中"图层1"，然后依次单击"图层1副本"和"图层1副本2"左侧的眼睛图标，隐藏这两个图层，如图6-9所示。

步骤3 选择"滤镜">"艺术效果">"木刻"菜单，打开"木刻"对话框，然后参照图6-10所示设置相关参数，单击"确定"按钮关闭对话框。

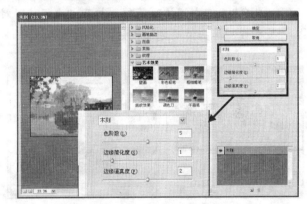

图6-9　隐藏图层　　　　　　　　　　图6-10　"木刻"对话框

步骤4 在"图层"调板中设置"图层1"的混合模式为"强光"，如图6-11左图所示，此时画面效果如图6-11右图所示。

图6-11　设置"图层1"的混合模式

步骤5 在"图层"调板中单击选中"图层1副本"，并重新显示该图层，如图6-12左图所示。选择"滤镜" > "艺术效果" > "干画笔"菜单，打开"干画笔"对话框，然后参照图6-12右图所示设置相关参数，单击"确定"按钮，关闭对话框。

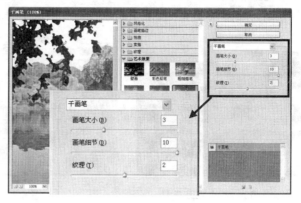

图6-12 "图层"调板与"干画笔"对话框

步骤6 在"图层"调板中，设置"图层1副本"的混合模式为"强光"，如图6-13左图所示，此时画面效果如图6-13右图所示。

步骤7 在"图层"调板中单击选中"图层1副本2"，并重新显示该图层。选择"滤镜" > "杂色" > "中间值"菜单，打开"中间值"对话框，然后参照图6-14所示设置相关参数，单击"确定"按钮，关闭对话框。

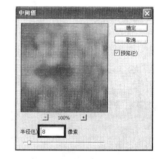

图6-13 设置"图层1副本"的混合模式　　　　图6-14 "中间值"对话框

步骤8 在"图层"调板中，设置"图层1副本2"的混合模式为"柔光"，如图6-15左图所示，此时画面效果如图6-15右图所示。

图6-15 设置"图层1副本2"的混合模式

步骤 9　打开本书配套素材"项目六"文件夹中的"5.jpg"图像文件（参见图 6-16 左图），然后将破损的墙面图像复制到"4.jpg"图像窗口中，并适当调整其大小。此时，自动生成"图层 2"。

步骤 10　在"图层"调板中，设置"图层 2"的混合模式为"线性加深"，其画面效果如图 6-16 右图所示。至此，水彩画效果就制作完成了。

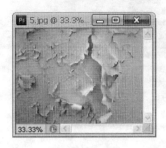

图 6-16　复制图层并设置图层混合模式

任务二　图层基本操作

任务说明

图层的基本操作包括选择图层、调整图层顺序，以及隐藏与显示、锁定与解锁图层等。掌握这些基本操作，可使图片的处理过程变得更加方便、快捷。下面我们就来学习这些知识。

预备知识

一、选择和重命名图层

1．选择图层

要对某个图层或图层中的图像进行编辑操作，首先要选中该图层。另外，在 Photoshop CS5 中，用户可以同时选中多个图层，以方便对它们进行统一移动、变换、编组、对齐与分布、隐藏，以及合并所选图层等操作。选择图层的方法有：

➢ 在"图层"调板中单击某个图层即可选中该图层，并将其置为当前图层。

➢ 要选择多个连续的图层，可在按住【Shift】键的同时单击首尾两个图层。

➢ 要选择多个不连续的图层，可在按住【Ctrl】键的同时依次单击要选择的图层。注意：按住【Ctrl】键单击时，不要单击图层缩览图，否则将载入该图层的选区。

➢ 要选择所有图层（背景图层除外），可选择"选择">"所有图层"菜单。

➢ 要选择所有相似图层（与当前图层类似的图层），例如，要选择当前图像中的所有文字图层，可先选中一个文字图层，然后选择"选择">"相似图层"菜单即可。

2. 重命名图层

为了方便识别图层中的内容，用户最好为图层取一个与其内容相符的名称。为此，可双击图层名称，当其变为可编辑状态时，输入新名称并按【Enter】键，如图 6-17 所示。

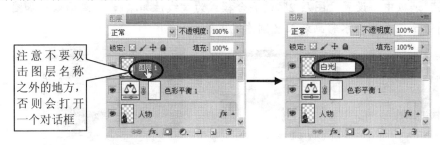

图 6-17　重命名图层

二、调整图层的叠放次序

由于图像中的图层是自上而下叠放的，因此，在编辑图像时，调整图层的叠放顺序便可获得不同的图像处理效果。要调整图层顺序，只需在"图层"调板中选中要调整位置的图层，然后按住鼠标左键不放，将其拖动到指定位置并释放鼠标左键即可，如图 6-18 所示。

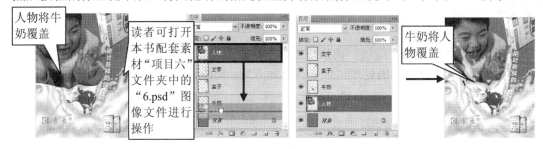

图 6-18　调整图层顺序

三、删除图层

要删除不需要的图层，可在"图层"调板中选中要删除的图层，将其拖至调板下方的"删除图层"按钮 上，如图 6-19 所示；或者选中要删除的图层，然后单击"删除图层"按钮 ，在弹出的对话框中单击"是"按钮。

四、隐藏与显示图层

当一幅图像包含多个图层时，通过隐藏某些图层，可以方便查看其他图层中的内容。

➤ **隐藏图层**：单击要隐藏的图层左边的眼睛图标 ，即可隐藏该图层，如图 6-20 所示。若在按住【Alt】键的同时，在"图层"调板中单击某图层名称前面的 图标，可以隐藏该图层之外的所有图层。

➤ **显示图层**：将图层隐藏后，再次单击该图层左边的 ，即可重新显示被隐藏的图层。

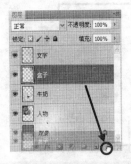
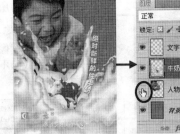
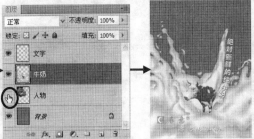

图 6-19 删除图层　　　　　　　　　图 6-20 隐藏图层

五、锁定与解锁图层

在编辑图像时，为避免某些图层上的图像受到影响，可选中这些图层，然后单击"图层"调板中的四种锁定方式按钮锁定：☐ ✎ ✛ 🔒将其锁定。

- ➤ **锁定透明像素☐**：表示禁止在锁定层的透明区域绘画。
- ➤ **锁定图像像素✎**：表示禁止编辑锁定层，如禁止使用画笔工具在该图层绘画，但可以移动该图层中的图像。
- ➤ **锁定位置✛**：表示禁止移动该图层中的图像，但可以编辑图层内容。
- ➤ **锁定全部🔒**：表示禁止对锁定层进行任何操作。

如果要取消对某一图层的锁定，可选中该层后，在"图层"调板中单击释放相应的图层锁定按钮☐ ✎ ✛ 🔒即可。

六、链接与合并图层

1. 链接图层

在编辑图像时，可以将多个图层链接在一起，以便同时对这些图层中的图像进行移动、变形、缩放、对齐等操作。

- ➤ **链接图层**：首先选中要链接的多个图层，然后单击"图层"调板底部的链接按钮🔗，当图层的右侧显示🔗符号时，即表示建立了链接关系，如图 6-21 所示。注意：如果某个图层与背景图层链接的话，将无法移动任何一个链接图层中的图像。
- ➤ **取消链接**：要取消链接，可选中链接的图层，然后单击调板底部的"链接图层"按钮🔗。

2. 合并图层

利用图层的合并功能，可以将多个图层合并为一个图层，以便对其进行统一处理。要合并图层，可首先选中要合并的多个图层，然后选择"图层"主菜单或"图层"调板快捷菜单中的适当菜单项，如图 6-21 左图和图 6-22 所示。

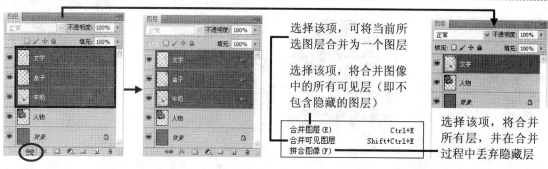

选择该项，可将当前所选图层合并为一个图层

选择该项，将合并图像中的所有可见层（即不包含隐藏的图层）

选择该项，将合并所有层，并在合并过程中丢弃隐藏层

合并图层 (E)	Ctrl+E
合并可见图层	Shift+Ctrl+E
拼合图像 (F)	

图 6-21　链接图层　　　　　　　图 6-22　合并图层菜单

提示　如果当前只选择了一个图层，则"合并图层"菜单项变为"向下合并"，选择该菜单项可将当前图层及其下方的所有非背景层合并为一个图层。

七、对齐与分布图层

利用"对齐"与"分布"功能，可以将位于不同图层中（需同时选中要对齐的图层或在这些图层之间建立链接）的图像在水平或垂直方向上对齐或均匀分布。例如：

步骤1　打开本书配套素材"项目六"文件夹中的"7.psd"图像文件，在"图层"调板中同时选中"图层 1"至"图层 6"图层（图像窗口中上方的 6 朵花位于这几个图层中），如图 6-23 所示。

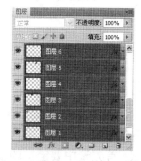

图 6-23　选择要对齐和分布的图层

步骤2　分别选择"图层">"对齐">"垂直居中"菜单和"图层">"分布">"水平居中"菜单，如图 6-24 所示。此时，图像对齐与分布效果如图 6-25 所示。

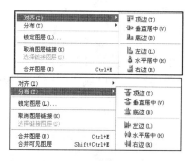

图 6-24　对齐和分布命令　　　　图 6-25　图层对齐与分布效果

选中图层后，选择"移动工具" ⊕，然后在其工具属性栏中单击相应的对齐按钮 和分布按钮 ，也可对图层执行对齐与分布操作。

任务实施——制作圣诞背景墙

下面，我们将通过制作图 6-26 所示的圣诞背景墙，学习重命名图层和分布图层的方法。案例最终效果请参考本书配套素材"素材与实例">"项目六"文件夹>"制作圣诞背景墙.psd"文件。

制作思路

首先打开各素材图片，使用"背景橡皮擦工具" 分别擦除圣诞树和蜡烛图像中的背景，然后将它们拖到圣诞老人所在的图像中，再进行重命名图层、设置图层混合模式和不透明度、复制图层、对齐与分布图层等操作，即可完成实例。

制作步骤

步骤 1 打开本书配套素材"项目六"文件夹中的"8.jpg"、"9.jpg"和"10.jpg"图像文件，如图 6-27 所示。下面，我们要将"8.jpg"和"9.jpg"中的图像选取出来，然后再将它们拖至"10.jpg"图像窗口中，合成一个圣诞背景墙。

图 6-26 圣诞背景墙效果图

图 6-27 打开素材图片

步骤 2 首先将"8.jpg"置为当前图像窗口，选择"背景橡皮擦工具" ，在其工具属性栏中设置画笔大小为 52 像素的硬边笔刷，单击"一次"按钮 ，在"限制"下拉列表中选择"不连续"，勾选"保护前景色"复选框，其他选项保持默认，如图 6-28 上图所示。将光标移至背景图像上单击鼠标左键并拖动，光标拖移过的背景图像区域被擦除成透明，如图 6-28 下图所示。此时，系统会自动将"背景"图层转换为普通图层。

步骤 3 将图像的背景完全擦除，然后利用"移动工具" 将圣诞树和圣诞蜡烛图像拖至"10.jpg"图像窗口中，并放置在窗口的左侧，如图 6-29 所示。此时，"图层"调板中多了一个名为"图层 1"的新图层。

图 6-28　擦除背景　　　　　　　　　　　　　　图 6-29　移动图像

步骤 4　在"图层"调板中双击"图层 1"的图层名称，当其变为可编辑状态时，输入"圣诞树和蜡烛"并按【Enter】键。接着设置"圣诞树和蜡烛"图层的混合模式为"明度"，如图 6-30 左图所示，此时画面效果如图 6-30 右图所示。

步骤 5　将"9.jpg"图像置为当前图像窗口，参照步骤 2 中的方法擦除背景。然后利用"移动工具" ⊹ 将图像拖至"10.jpg"图像窗口中，用"自由变换"命令调整其大小，并放置在图像窗口的下方，如图 6-31 所示。此时，"图层"调板中又多了一个新的图层。

图 6-30　设置图层　　　　　　　　　　　　　　图 6-31　移动图像

步骤 6　参照步骤 4 中的方法，将"图层"调板中的新图层命名为"小蜡烛"，如图 6-32 左图所示。按 5 次【Ctrl+J】组合键，将"小蜡烛"图层复制 5 次，如图 6-32 右图所示。

步骤 7　将"小蜡烛副本 5"中的图像移动到图像窗口的右下方，"小蜡烛副本 4"中的图像移动到图像窗口的中下部，如图 6-33 左图所示。选择"小蜡烛"图层，

图 6-32　设置图层并复制图层

然后按住【Shift】键的同时单击"小蜡烛副本 4"，以选择多个连续的图层，如图 6-33 中图所示，再选择"图层" > "分布" > "水平居中"菜单。接着选择包含"小蜡烛"的全部图层，再选择"图层" > "对齐" > "底边"菜单，其画面效果如图 6-33 右图所示。至此，圣诞背景墙就制作完成了。

图 6-33 移动图像并执行对齐和分布命令

任务三 应用图层样式

任务说明

在 Photoshop 中，我们可以为图层添加样式，从而快捷制作出各种特殊的图像效果。

预备知识

一、利用图层"调板"添加图层样式

下面我们通过一个小实例说明为图层添加样式的方法。

步骤 1 打开本书配套素材"项目六"文件夹中的"11.psd"图像文件，在"图层"调板中选中"宝石"图层，下面我们将为该图层中的宝石添加图层样式，如图 6-34 所示。

步骤 2 单击"图层"调板中的"添加图层样式"按钮 ，从弹出的列表中选择要添加的图层样式，本例选择"斜面和浮雕"样式，如图 6-35 所示。各图层样式的作用如下。

图 6-34 选择要添加样式的图层　　　　图 6-35 选择要添加的图层样式

> **投影和内阴影：** 可以在图层内容后面或紧靠图层内容边缘的内侧添加阴影，使图像产生立体或凹陷效果。

> **外发光和内发光：** 可在图像外侧或内侧边缘添加发光效果。

> **斜面和浮雕：** 可以使图像产生立体效果。

> **光泽**：可在图像的内侧边缘添加柔和的内阴影效果。
> **颜色、渐变和图案叠加**：实际上就是向图层中填充颜色、渐变色或图案。
> **描边**：使用颜色、渐变或图案在当前图层上描画对象的轮廓。

步骤3 在"图层样式"对话框左侧自动选中了"斜面和浮雕"样式，这里我们参照图 6-36 所示在对话框中设置参数，单击"确定"按钮，得到图 6-37 左图所示的效果。

> **样式**：在其下拉列表中可选择斜面和浮雕的样式，包括内斜面、外斜面、浮雕效果、枕形浮雕和描边浮雕。选择不同的样式，制作出的效果完全不同。
> **方法**：在其下拉列表中可选择浮雕的平滑特性。
> **深度**：用于设置斜面和浮雕效果的深浅程度。
> **方向**：用于切换斜面和浮雕亮部和暗部的方向。
> **软化**：用于设置斜面和浮雕效果的柔和度。
> **光泽等高线**：用于选择光线的轮廓。
> **高光模式和阴影模式**：分别用于设置高光区域和暗部区域的模式。

步骤4 添加样式的图层右侧将显示两个符号 fx 和 ▼。其中 fx 符号表明已对该图层添加了样式处理，用户以后要修改样式时，只需双击 fx 符号即可，而单击 ▼ 符号可打开或关闭该图层样式的下拉列表，如图 6-37 右图所示。

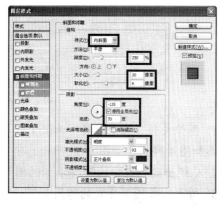

图 6-36 设置图层样式

图 6-37 图层样式设置效果

> 双击图层名称外的空白处也可打开"图层样式"对话框。但使用此方式时，需要在"图层样式"对话框左侧的列表中选择需要添加的图层样式。用户可以为同一图层添加多种图层样式。

二、利用"样式"面板快速设置图层样式

Photoshop CS5 的"样式"调板列出了一组内置样式，利用该调板，用户可以方便地为图层设置各种特殊效果。

例如，打开本书配套素材"项目六"文件夹中的"12.psd"图像文件，选择要添加样式的图层，如"花边"图层，选择"窗口">"样式"菜单，打开"样式"调板，在其中单击要应用某种样式，即可将其添加到所选图层上，如图 6-38 所示。

图 6-38　应用系统内置样式

三、图层样式的开关与清除

对图层添加了样式之后，还可对其进行开、关和清除等操作：

> 在"图层"调板中单击样式效果列表左侧的眼睛图标 可将图层样式关闭（隐藏），
> 如图 6-39 所示。再次单击此处，将打开（显示）该图层样式。

> 将不需要的样式拖拽到"图层"调板底部的"删除图层"按钮 上，可将该样式删
> 除，如图 6-40 所示。

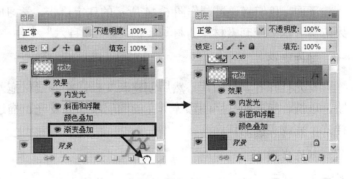

图 6-39　隐藏图层样式　　　　　　　　　　　　图 6-40　清除图层样式

四、图层样式的保存与复制

用户在自定义好图层样式后，可以将其复制到其他图层，也可以将其保存在"样式"调
板中以备后用。要保存和复制图层样式，可执行如下操作。

步骤 1　打开本书配套素材"项目六"文件夹中的"13.psd"图像文件，如图 6-41 所示。

步骤 2　在"图层"调板中，将光标移至"耳坠 1"图层右侧的 符号上，按住【Alt】键，
当光标呈 形状时，向"耳坠 2"图层拖动，释放鼠标后，即可将样式复制到"耳
坠 2"图层，如图 6-42 左图和中图所示。此时，画面效果如图 6-42 右图所示。

步骤 3　要将自定义的样式保存在"样式"调板中，可选中添加样式的图层，然后将光标移
至"样式"调板的空白处，当光标呈油漆桶 形状时单击，在打开的"新建样式"
对话框中输入样式名称并选择相关设置项目，单击"确定"按钮，如图 6-43 所示。

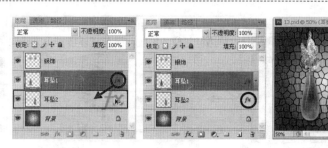

图 6-41　打开素材图片　　　　　　　　　　图 6-42　复制图层样式

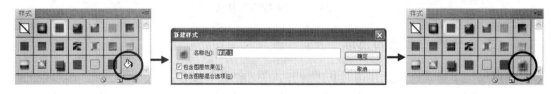

图 6-43　保存图层样式

任务实施——制作珠宝广告

下面，我们将通过制作图 6-44 所示的珠宝广告，学习应用图层样式的方法。案例最终效果请参考本书配套素材"素材与实例" > "项目六"文件夹> "制作珠宝广告.psd"文件。

制作思路

首先打开各素材图片，然后创建新文档，将各素材拖入新建文档中，并分别对人物、吊坠、项链、星光和文字图像等所在的图层添加外发光、描边、内阴影、投影、斜面和浮雕等样式，完成实例制作。

制作步骤

步骤1 打开本书配套素材"项目六"文件夹中的"14.jpg"、"15.psd"和"16.psd"图像文件，如图 6-45 所示。

步骤2 按【Ctrl+N】组合键，打开"新建"对话框，然后参照图 6-46 左图所示进行设置，新建一个空白文档。

图 6-44　珠宝广告效果图　　　　　　　　　图 6-45　打开素材图片

步骤3 设置前景色为深红色（#990000），背景色为淡粉色（# eb7272）。选择"渐变工具" ，单击工具箱中的"径向渐变"按钮 ，勾选"反向"复选框，然后将光标移至图像窗口的底部，按住鼠标左键并向左拖动，绘制前景到背景的径向渐变色，如图6-46右图所示。

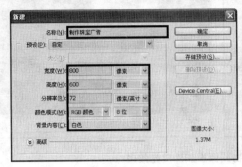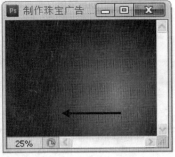

图 6-46 新建文档并绘制渐变色

步骤4 将"14.jpg"置为当前图像窗口，利用"魔棒工具" 制作人物背景图像的选区，然后按【Shift+Ctrl+I】组合键，将选区反向以选中人物，如图6-47左图所示。接着将选区羽化1像素，并利用"移动工具" 将选区中的人物图像拖至新文档窗口的左侧，如图6-47右图所示。

图 6-47 选取并移动人物图像

步骤5 单击"图层"调板中的"添加图层样式"按钮 ，从弹出的列表中选择"外发光"样式，参数设置如图6-48左图所示，此时画面效果如图6-48右图所示。

步骤6 将"15.psd"置为当前图像窗口，在其"图层"调板中选择除"背景"以外的图层，如图6-49左图所示。利用"移动工具" 将选中的图像拖至"制作珠宝广告"文档窗口的右侧，如图6-49右图所示。

步骤7 选择"铂金心形吊坠"图层，单击"吊坠扣环"、"星光"、"铂金项链"和"蓝宝石心形吊坠"图层左边的眼睛图标 ，将它们隐藏，如图6-50所示。

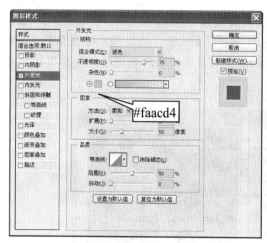

图 6-48　为人物图像添加外发光效果

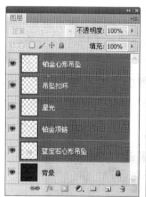

图 6-49　移动图像　　　　　　　　　　　　　图 6-50　选择、隐藏图层

步骤 8　选择"窗口">"样式"菜单，打开"样式"调板。单击面板右上方的下三角按钮，在出现的菜单中选择"Web 样式"，如图 6-51 左图所示。在弹出的对话框中单击追加按钮，如图 6-51 中图所示，可将该样式添加到面板中，如图 6-51 右图所示。

步骤 9　为"铂金心形吊坠"图层添加"水银"样式，接着打开该图层的"图层样式"对话框，取消应用"描边"样式，并调整"投影"样式的"不透明度"为 40%，其他样式的参数保持系统默认，如图 6-52 所示。

> 单击"确定"按钮可载入样式并替换面板中的样式；单击"追加"按钮可将样式添加到面板中；单击"取消"按钮可取消载入样式的操作。

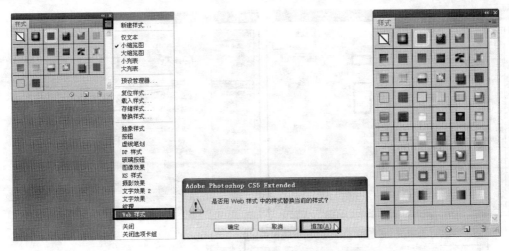

图 6-51 载入系统预设的样式

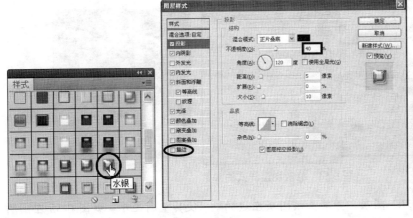

图 6-52 为"铂金心形吊坠"添加"水银"样式

步骤 10 选择"蓝宝石心形吊坠"图层，并单击该图层左边的■，使其重新显示。在"样式"调板中单击"蓝色凝胶"样式，为"蓝宝石心形吊坠"应用该样式，如图 6-53 所示。

图 6-53 添加图层样式

步骤 11 打开"蓝宝石心形吊坠"图层的"图层样式"对话框，从中依次修改内阴影、内发光、斜面和浮雕的参数设置，参数设置及效果分别如图 6-54 所示。

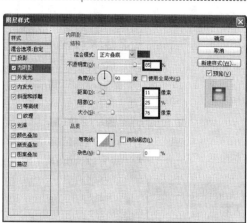
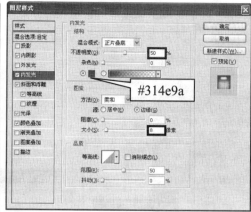

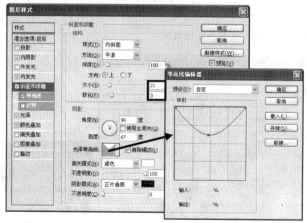

图 6-54　修改图层样式的参数

步骤 12　选择"吊坠扣环"图层，并单击该图层左边的▣，使其重新显示，如图 6-55 左图所示。在"样式"调板中单击"铬黄"样式，为"吊坠扣环"应用该样式，如图 6-55 中图所示，此时画面效果如图 6-55 右图所示。

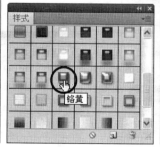

图 6-55　为"吊坠扣环"添加"铬黄"样式

步骤 13　选择"铂金项链"图层，并单击该图层左边的▣，使其重新显示。在"样式"调板中单击"铬黄"样式，为"铂金项链"应用该样式。接着打开该图层的"图层样式"对话框，更改"投影"样式的"不透明度"为40%，并取消"光泽"、"颜色叠加"和"渐变叠加"样式，如图6-56左图所示，此时画面效果如图6-56右图所示。

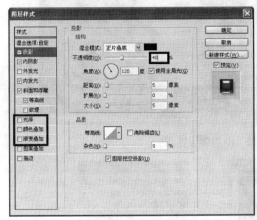

图6-56 调整"铂金项链"图层样式

步骤14 单击"图层"调板底部的"添加图层蒙版"按钮，为"铂金项链"创建一个全白蒙版，如图6-57左图所示。选择"画笔工具"，并设置其不透明度为50%，然后在项链的两端涂抹，使两端呈现渐隐效果，如图6-57右图所示。

图6-57 创建并编辑图层蒙版

步骤15 选择"星光"图层，并单击该图层左边的，使其重新显示。单击"图层"调板中的"添加图层样式"按钮，从弹出的列表中选择"外发光"样式，参数设置如图6-58左图所示，此时的画面效果如图6-58右图所示。

步骤16 将"16.psd"置为当前图像窗口，并利用"移动工具"将该窗口中的图像拖至"制作珠宝广告"图像窗口的右上方，如图6-59左图所示。在"图层"调板中，设置"恒昌珠宝"的填充不透明度为0%，如图6-59右图所示。

图 6-58　为"星光"添加图层样式

图 6-59　移动图像并设置图层的填充不透明度

步骤 17　接着为"恒昌珠宝"添加外发光和描边样式，参数设置如图 6-60 左图和中图所示，其最终效果如图 6-60 右图所示。

图 6-60　为"恒昌珠宝"添加图层样式

任务四　应用蒙版

任务说明

Photoshop 中的蒙版可分为快速蒙版和图层蒙版两种类型。其中，利用快速蒙版可以制作选区；而图层蒙版是 Photoshop 里的一项方便实用的功能，它是建立在当前图层上的一个遮罩，用于遮盖当前图层中不需要的图像，从而控制图像的显示范围或制作图像融合效果。

预备知识

在 Photoshop 中，图层蒙版又分为两类，一类为普通图层蒙版，一类为矢量蒙版。下面，我们分别介绍创建和编辑图层蒙版和快速蒙版的方法。

一、创建普通蒙版

对于普通图层蒙版而言，它实际上是一幅 256 色的灰度图像，其白色区域为完全透明区，黑色区域为完全不透明区，其他灰色区域为半透明区。

步骤 1 打开本书配套素材"项目六"文件夹中的"17.psd"图像文件，如图 6-61 所示。该文件包含 2 个图层。下面，我们要为"图层 1"添加图层蒙版，以制作图像的融合效果。

步骤 2 在"图层"调板中将"图层 1"置为当前图层，然后单击调板底部的"添加图层蒙版"按钮 ▣，系统将为当前层创建一个全白蒙版，如图 6-62 所示。如果图像中存在选区，则单击"添加图层蒙版"按钮 ▣ 后，将创建一个仅显示选区图像的蒙版。

由于添加的是全白透明蒙版，因此，对该图层中的图像没有任何影响，图像没有任何变化

图 6-61　打开素材图片　　　　　　　　　　图 6-62　创建图层蒙版

步骤 3 添加图层蒙版后，蒙版会自动被选中，此时，可使用各种绘图工具编辑图层蒙版，从而遮挡图层中不需要的区域以显示下层图像，或制作图像的融合效果等。下面将前景色设为黑色，选择"画笔工具" ✐ 并设置合适的笔刷属性，然后在人物图像的下方涂抹以隐藏部分区域，如图 6-63 左图所示，此时的画面效果如图 6-63 右图所示。

　　　　在编辑蒙版过程中，如果不小心涂抹到不需要的区域，可通过在这些区域涂抹白色来恢复，或者利用"橡皮擦工具" ✐ 擦除。

由于我们涂抹的是全黑色，因此涂抹过的区域将完全遮挡本层中的图像，显示下层图像；若涂抹的是从白到黑的灰色，则涂抹过的区域为半透明，从而与下层中的图像形成融合效果

图 6-63 编辑图层蒙版

在"图层"调板中单击图层缩览图，将返回正常的图像编辑状态；同理，单击蒙版缩览图可重新将其选中（蒙版周围出现一个边框），从而进入蒙版编辑状态，此时在图像窗口中进行的大部分操作（如使用绘图工具绘画，填充选区等）都是针对蒙版。

此外，按住【Alt】键单击图层蒙版缩览图，可在图像窗口单独显示蒙版图像，如图 6-64 所示；再次执行该操作可重新回到正常图像显示状态。

二、创建矢量蒙版

矢量蒙版的内容为一个矢量图形，可通过两种方法创建：一种是直接绘制形状，创建带矢量蒙版的形状图层；另一种首先绘制路径，然后将其转为矢量蒙版。采用第二种方式时，可隐藏当前图层中路径之外的区域，显示下层图像。下面我们主要介绍第二种方式。

步骤 1 打开本书配套素材"项目六"文件夹中的"18.psd"图像文件，在"图层"调板中选中"花瓣"图层，如图 6-65 所示。

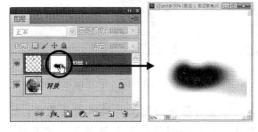

图 6-64 在图像窗口中显示蒙版图像　　　　图 6-65 打开素材并选择图层

步骤 2 选择"窗口" > "路径"菜单，打开"路径"调板，单击在素材中已绘制好的"路径1"，在图像窗口中显示该路径，如图 6-66 所示。关于形状、路径的绘制和编辑方法，请参考本书项目七中的内容。

图 6-66 选择路径层并在图像窗口中显示路径

步骤3 按住【Ctrl】键，单击"图层"调板底部的"添加图层蒙版"按钮 ▢，即可将路径创建为矢量蒙版，如图 6-67 所示，此时，可看到当前图层中路径之外的区域被隐藏。

与普通图层蒙版相比，由于矢量蒙版中保存的是矢量图形，因此，它只能控制图像的透明与不透明，而不能制作半透明效果，并且用户无法使用"渐变"、"画笔"等工具编辑矢量蒙版。矢量蒙版的优点是用户可以随时利用"直接选择工具" ▸、"钢笔工具" ✐ 等路径编辑工具来调整矢量蒙版的形状。

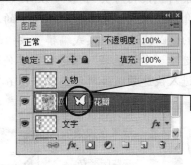

矢量蒙版缩览图，单击它可以隐藏蒙版轮廓显示，以退出矢量蒙版编辑状态；再次单击将重新进入蒙版编辑状态

图 6-67 用当前路径创建矢量蒙版

为图层创建图层蒙版后，在图层缩览图和蒙版缩览图之间会看到一个链接符号 ▧，它表示用户在移动该图层的图像或对其进行变形时，蒙版将随之发生相应的变化。单击 ▧ 符号可解除链接，这样对图层原图进行处理时，图层蒙版不受影响。若要重新链接，则再次在该位置单击即可。

三、编辑蒙版

用户在对某一图层创建蒙版后，通过右击图层蒙版缩览图，在弹出的菜单中选择相应命令，可以删除、应用或停用蒙版，如图 6-68 所示。

按住【Ctrl】键的同时单击蒙版缩览图，可将其转换成选区。此外，使用绘图工具编辑图层蒙版时，在绘图工具属性栏中，可通过调整"不透明度"来控制蒙版的透明程度。

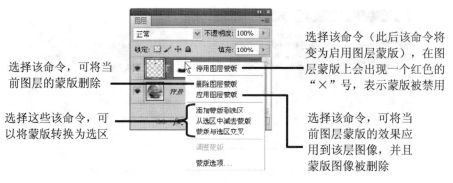

选择该命令，可将当前图层的蒙版删除

选择这些该命令，可以将蒙版转换为选区

选择该命令（此后该命令将变为启用图层蒙版），在图层蒙版上会出现一个红色的"×"号，表示蒙版被禁用

选择该命令，可将当前图层蒙版的效果应用到该层图像，并且蒙版图像被删除

图 6-68　图层蒙版快捷菜单

四、使用快速蒙版制作选区

快速蒙版模式是制作选区的一种非常有效的方法。在该模式下，用户可使用"画笔工具" ✐ 、"橡皮擦工具" ✐ 等编辑蒙版，然后将蒙版转换为选区。这样，用户不仅能制作出任意形状的选区，还能使选区具有羽化效果，从而制作出一些特殊的图像效果。

步骤 1　打开本书配套素材"素材与实例" > "项目六"文件夹> "19.jpg"文件，如图 6-69 所示。下面将介绍使用快速蒙版选取图像中的人物。

步骤 2　双击工具箱中的"以快速蒙版模式编辑"按钮 ◯，打开图 6-70 所示的"快速蒙版选项"对话框，选中"所选区域"单选钮，其他选项保持默认，单击"确定"按钮，关闭对话框并进入快速蒙版编辑状态，如图 6-71 所示。

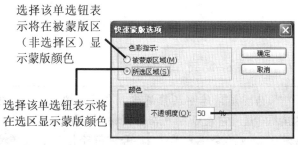

选择该单选钮表示将在被蒙版区（非选择区）显示蒙版颜色

选择该单选钮表示将在选区显示蒙版颜色

设置蒙版颜色和不透明度，用户可根据图像的色调设置蒙版颜色和不透明，以便创建精确的选区

图 6-69　素材图片　　　　　图 6-70　"快速蒙版选项"对话框

步骤 3　选择"画笔工具" ✐，单击工具属性栏"画笔"后面的▼按钮，在弹出的下拉列表中设置"主直径"为"30"，"硬度"为"100"，如图 6-72 所示。

步骤 4　"画笔工具" ✐ 属性设置好后，在人物图像上按住鼠标左键不放并拖动进行涂抹，增加蒙版区（被半透明红色覆盖的区域将被选取），如图 6-73 所示。

小技巧

利用"画笔工具" ✐ 涂抹编辑蒙版时，可在英文输入法状态下，按键盘中的【]】键或【[】键调整笔刷直径。利用"橡皮擦工具" ✐ 可擦除蒙版。

步骤 5　将人物图像精确地涂抹完毕后，单击工具箱中的"以标准模式编辑"按钮 ◯，返回正常编辑模式，此时蒙版被转换成了选区，如图 6-74 所示。

图 6-71　进入快速蒙版编辑状态　　　　　　图 6-72　设置"画笔工具"属性

图 6-73　编辑蒙版　　　　　　　　图 6-74　将蒙版转换成选区

知识库

在英文输入法状态下按【Q】键，可以在快速蒙版编辑模式和标准编辑模式之间切换。

任务实施——合成甜蜜婚纱照

下面，我们将通过制作图 6-75 所示的甜蜜婚纱照，学习应用图层蒙版的方法。案例最终效果请参考本书配套素材"素材与实例">"项目六"文件夹>"合成甜蜜婚纱照.psd"文件。

制作思路

首先打开各素材图片，然后将作为背景的两张图像进行融合；接着为新娘独照创建图层蒙版，并利用"画笔工具" ✔使新娘以外的区域变为透明；再将其拖入背景图像中并调整到合适的大小与位置；最后利用 Photoshop 自带的形状为合照创建红桃形的矢量蒙版，并为其添加图层样式，以及拖入背景图像中。

制作步骤

步骤1　打开本书配套素材"项目六"文件夹中的"20.jpg"、"21.jpg"、"22.jpg"和"23.jpg"图像文件，如图 6-76 所示。

图 6-75　甜蜜婚纱照效果图　　　　　　　　　图 6-76　打开素材图片

步骤 2　将 "20.jpg" 移动到 "21.jpg" 图片文件中，系统将自动生成 "图层 1"，为 "图层 1" 创建图层蒙版，如图 6-77 所示。

步骤 3　恢复默认的前景色和背景色，选择 "渐变工具" ，为 "图层 1" 的蒙版填充前景色到背景色的渐变色，鼠标拖动方向与位置如图 6-78 所示，效果如图 6-79 右图所示。

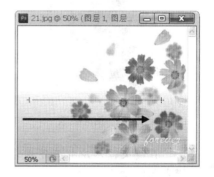

图 6-77　创建图层蒙板　　　　　　　　　图 6-78　为蒙版添加渐变色

步骤 4　将 "22.jpg" 置为当前图像窗口，在 "图层" 调板中将 "背景" 层转换成普通图层，然后单击调板下方的 "添加图层蒙版" 按钮，系统将为当前层创建一个空白蒙版，如图 6-80 所示。此时当前图层中的图像没有任何变化，处于完全显示状态。此外创建图层蒙版还有以下 3 种方法：

图 6-79　融合图像效果　　　　　　　　　图 6-80　创建空白图层蒙版

➢ 在按住【Alt】键的同时，单击"添加图层蒙版"按钮 ，可创建一个全黑的蒙版。此时，当前图层中的图像全部被遮挡，并完全显示下层的图像。

➢ 选择"图层">"图层蒙版"菜单中的子菜单项也以可创建图层蒙版，如图 6-81 所示。

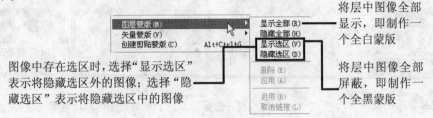

将层中图像全部显示，即制作一个全白蒙版

图像中存在选区时，选择"显示选区"表示将隐藏选区外的图像；选择"隐藏选区"表示将隐藏选区中的图像

将层中图像全部屏蔽，即制作一个全黑蒙版

图 6-81　创建图层蒙版的菜单命令

➢ 利用前面讲过的"编辑">"贴入"菜单，也可创建图层蒙版。（"贴入"命令的使用在项目三中有详细介绍）。

当前图层中存在选区时，单击"图层"调板底部的"添加图层蒙版"按钮 将创建一个显示选区图像的蒙版，如图 6-82 所示便是利用该方法将"图层 1"上的人物图片贴到了背景图层笔记本的液晶屏上。

方法是首先将人物图片移动到液晶屏合适位置，利用"矩形选框工具"创建一个与液晶屏等大的选区，然后单击"添加图层蒙版"按钮 即可；若按住【Alt】键单击"添加图层蒙版"按钮 ，将创建一个隐藏选区图像的蒙版。

读者可打开本书配套素材"项目六"文件夹中的"24.psd"图像文件进行操作

图 6-82　存在选区时创建的蒙版

步骤 5 在"图层"调板中，单击"图层 0"的蒙版缩览图，缩览图周围会显示白色矩形边框，表示已经进入蒙版编辑状态，如图 6-83 所示。此时，前景色和背景色恢复为默认的黑白颜色。

步骤 6 选择"画笔工具" ，在其工具属性栏中设置"主直径"为"77px"的硬质笔刷，并在图像窗口中人物的四周区域涂抹，被涂抹过的区域将变为透明。此外，在涂抹人物的头纱时，可以适当降低笔刷的不透明度，来控制蒙版的透明程度，从而产生半透明效果，如图 6-84 所示。

可以看到蒙版被涂抹上黑色的区域在图中显示为透明，灰色为半透明

图 6-83　选择蒙版缩览图　　　　　　　　图 6-84　为蒙版涂抹上黑色使图像周围区域变透明

步骤 7 将该图像移动到刚才制作好的"21.jpg"图片文件中，并适当调整图像的大小和位置，效果如图 6-85 所示。

步骤 8 将"23.jpg"置为当前图像窗口，在工具箱中选择"钢笔工具"，并在其工具属性栏中设置如图 6-86 上图所示的属性。设置完毕后在"23.jpg"文件窗口中画出"红桃"形状，并利用"自由变换"命令将其旋转角度，如图 6-86 下图所示。

图 6-85　移动图像　　　　　　　　　　　图 6-86　创建路径

步骤 9 选择"窗口">"路径"菜单，打开"路径"调板，可以看到刚才创建的"红桃"形状路径已经出现在其中，如图 6-87 所示。

步骤 10 切换到"图层"调板，在"图层"调板中将"背景"层转换成普通图层。按住【Ctrl】键并单击其底部的"添加图层蒙版"按钮，为"23.jpg"文件添加一个红桃形矢量蒙版。此时图像如图 6-88 右图所示。

单击此缩览图可以隐藏蒙版轮廓显示

图 6-87　"路径"调板　　　　　　　　　　图 6-88　创建矢量蒙版

步骤 11　单击"图层"调板底部的"添加图层蒙版"按钮，为其再添加一个普通图层蒙版，并利用"画笔工具"在红桃形图像的左侧边缘涂抹，制作半透明效果，如图 6-89 右图所示。

步骤 12　单击"图层"调板中的"添加图层样式"按钮，从弹出的列表中选择"投影"，然后将参数设置为如图 6-90 所示。

#e3e53e

图 6-89　添加并编辑普通图层蒙版　　　　　　　图 6-90　设置投影参数

步骤 13　暂不关闭"图层样式"对话框，继续参照图 6-91 所示数值为红桃形图像添加"内阴影"、"外发光"、"内发光"和"斜面和浮雕效果"，此时的图像效果如图 6-92 所示。

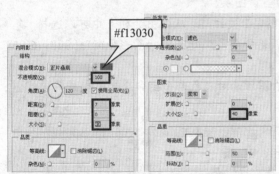

#f13030

#ffffff

#f7adad

图 6-91　设置图层样式参数

步骤 14　将该图像移动到刚才制作好的"21.jpg"图片文件中，并适当调整图像的大小和位置，最终效果如图 6-93 所示。

图 6-92　添加图层样式后的画面效果　　　　　　图 6-93　移动图像并调整其大小和位置

任务五　应用调整层和填充层

任务说明

调整图层和填充图层都属于带蒙板的图层，利用它们可以在不改变源图像的情况下，调整位于它们下方图层中的图像色彩或填充图像。

预备知识

一、应用调整层

在 Photoshop 中，可以将使用"色阶"、"曲线"等命令（参考项目五内容）制作的效果单独放在一个图层中，这个图层就是调整图层。与普通色彩调整命令不同的是，调整层对图像的调整是非破坏性的，不真正改变源图像。此外，我们可随时重新设置调整层参数，或开启、关闭调整层等。下面通过一个实例介绍调整层的创建方法。

步骤 1 打开本书配套素材"项目六"文件夹中的"25.psd"图像文件，如图 6-94 所示，在"图层"调板中将"背景"图层设置为当前图层。

步骤 2 单击调板下方的"创建新的填充或调整图层"按钮 ⊘，从弹出的列表中可以选择"色阶"、"曲线"、"色相/饱和度"等色彩调整命令，此处选择"色彩平衡"，如图 6-95 左图所示。

步骤 3 在打开的"调整"调板中参考图 6-95 右图所示对"色彩平衡命令的参数进行设置。该对话框下方几个常用按钮的作用如下。

图 6-94　打开素材图片并设置当前图层

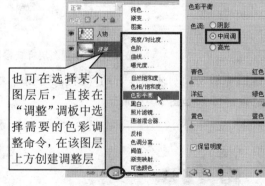

图 6-95　创建调整图层

> **调整图层影响其下所有图层** ●●：单击该按钮，此调整图层会影响其下的所有图层。
> **调整图层影响下面的一个图层** ●：单击该按钮，此调整图层仅影响其下面的一个图层；再次单击该按钮，可将调整图层应用于其下面的所有图层。

➢ **复位到调整默认值**⟳：单击该按钮，可将调整参数恢复到默认值。

步骤4 此时可看到"背景"图层之上新建了一个"色相/饱和度"调整图层，如图6-96左图所示。此时，图像效果如图6-96右图所示，可以看到调整图层只影响"背景"图层，而"人物"中的图像不受影响。

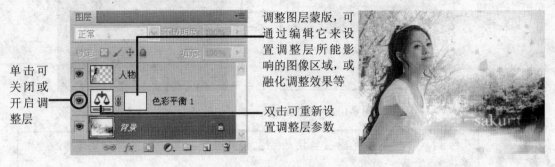

单击可关闭或开启调整层

调整图层蒙版，可通过编辑它来设置调整层所能影响的图像区域，或融化调整效果等

双击可重新设置调整层参数

图6-96 创建好的调整图层

二、应用填充层

填充图层的内容可为纯色、渐变色或图案。填充图层主要有如下特点：可随时更换其内容，可通过编辑蒙版制作融合效果。下面通过一个实例介绍填充层的特点与创建方法。

步骤1 打开本书配套素材"项目六"文件夹中的"26.jpg"图像文件，如图6-97所示，单击"图层"调板底部的"创建新的填充或调整图层"按钮⟳，从弹出的下拉菜单中可以选择"纯色"、"渐变"或"图案"选项，本例选择"渐变"选项，如图6-98所示。

步骤2 在打开的"渐变填充"对话框中单击"渐变"右侧的▼按钮，打开"渐变"编辑器，并从中选择"色谱"渐变样式，其他选项保持默认，如图6-99所示。

图6-97 打开素材图片

图6-98 选择"渐变"命令

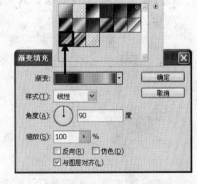

图6-99 选择渐变色

步骤3 单击"确定"按钮，即可在当前图层之上创建一个渐变填充图层，将该图层的"不透明度"设置为50%，如图6-100左图所示。此时，图像效果如图6-100右图所示。

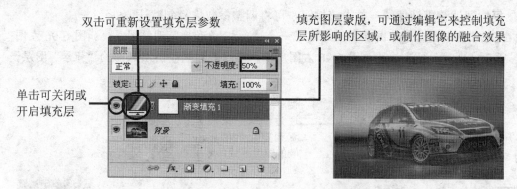

双击可重新设置填充层参数

填充图层蒙版，可通过编辑它来控制填充层所影响的区域，或制作图像的融合效果

单击可关闭或开启填充层

图 6-100　添加渐变填充图层的效果

 提示

如果希望将填充图层转换为带蒙版的普通图层，可选择"图层" > "栅格化" > "填充内容"或"图层"菜单。

任务实施——制作衣服贴花

下面，我们将通过制作图 6-101 所示的衣服贴花，学习应用填充层和调整层的方法。案例最终效果请参考本书配套素材"素材与实例" > "项目六"文件夹> "制作衣服贴花.psd"文件。

制作思路

首先打开各素材图片，然后将其中一张素材定义为图案，接着利用快速蒙版将人物的衣服制作成为选区，并利用填充层为其填充图案，最后设置图层的混合模式和不透明度。

制作步骤

步骤1　打开本书配套素材"项目六"文件夹中的"27.jpg"、"28.jpg"图像文件，如图 6-102 所示。

图 6-101　制作衣服贴花效果图　　　　图 6-102　打开素材图片

步骤2　将"28.jpg"置为当前图像窗口，选择"编辑" > "定义图案"菜单，打开"图案名

词"对话框，然后为其命名，如图6-103所示，单击"确定"按钮，关闭对话框。

步骤3 将"27.jpg"置为当前图像窗口，按【Q】键进入快速蒙版编辑模式，选择"画笔工具" ✎，并在工具属性栏中设置"主直径"为"30"，"硬度"为"100"，如图6-104所示。

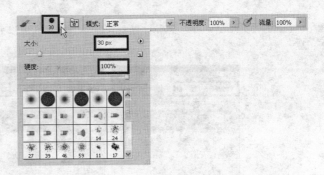

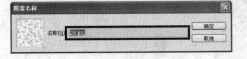

图6-103　定义图案

图6-104　设置"画笔工具"属性

步骤4 在人物上衣的白色区域上按住鼠标左键不放并拖动进行涂抹，增加蒙版区（被半透明红色覆盖的区域将被选取），如图6-105左图所示。涂抹完毕后，再次按【Q】键，返回正常编辑模式，此时蒙版被转换成了选区，如图6-105右图所示。

步骤5 单击"图层"调板底部的"创建新的填充或调整图层"按钮 ⊘，从弹出的下拉菜单中选择

图6-105　编辑蒙版并将蒙版转换为选区

"图案"选项（如图6-106左图所示），打开"图案填充"对话框，参考图6-106中图所示对其参数进行设置。单击"确定"按钮，即可在当前图层之上创建一个渐变填充图层。此时，图像效果如图6-106右图所示。

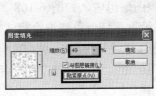

图6-106　添加图案填充图层的效果

步骤 6 设置 "图案填充 1" 的图层混合模式为 "线性加深"，按【Ctrl+J】组合键复制图层，设置图层的不透明度为 "20%"，如图 6-107 左图和 6-107 中图所示，最终效果如图 6-107 右图所示。

图 6-107　设置图层

任务六　应用图层组与剪辑组

任务说明

Photoshop 中的图层组主要用来管理图层，剪辑组主要用来制作一些特殊图像效果。

预备知识

一、应用图层组

图层组是多个图层的组合，利用它可以方便地对众多的图层进行管理，并对组中的所有层进行统一的设置，如不透明度和颜色混合模式等。

提示

如果已经为图层组中的某个图层单独设置了混合模式或不透明度，则 Photoshop 会优先显示该图层的效果。

选中要编组的一个或多个图层，然后按住【Shift】键的同时，单击 "创建新组" 按钮▢，可创建一个图层组并将所选图层自动放置在该图层组中，如图 6-108 所示。此时，图层组的色彩混合模式默认为 "穿透"，表示不为图层组设置任何色彩混合模式。

创建图层组后，通过单击图层组前的▶符号可展开图层组（如图 6-109 所示），从而可单独编辑其中的图层；也可将图层拖出或拖入图层组；还可对整个图层组进行移动、复制、重命名和删除等操作，其操作方法与图层操作相似。

图 6-108 创建图层组　　　　　　　　图 6-109 展开图层组

二、应用剪辑组

剪辑组用来制作一些特殊的图像效果。为了便于用户更好地理解剪辑组，下面通过制作一个图像文字来说明。

步骤1 打开本书配套素材"项目六"文件夹中的"29.psd"图像文件，下面我们要在"图层0"与"玫瑰花"图层间创建剪辑组，如图 6-110 所示。

图 6-110 打开素材图片

步骤2 在"图层"调板中，将"玫瑰花"图层置为当前图层，将光标移至"图层0"与"玫瑰花"图层之间的分界线上，按住【Alt】键，待光标呈 形状时单击鼠标，如图 6-111 左图所示。

步骤3 此时"玫瑰花"文字显示出来，且文字中显示"图层0"图层的内容，如图 6-111 中图和右图所示。在"图层"调板中，"玫瑰花"图层的名称下增加了一条下划线（玫瑰花），"图层0"图层缩览图的左侧显示剪贴蒙版图标，表示在"图层0"图层和"玫瑰花"图层之间建立了剪辑组。

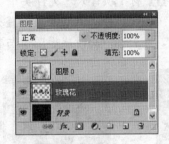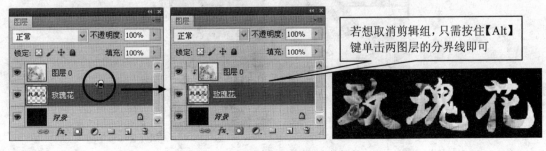

若想取消剪辑组，只需按住【Alt】键单击两图层的分界线即可

图 6-111 利用快捷键创建剪辑组

可以看出，剪辑组是使用某个图层（即基底图层）中的内容来遮盖其上方图层中的内容，其遮盖效果是下方图层中有像素的区域显示上方图层中的图像，而下方图层中的透明区域遮盖上方图层中的图像。创建的剪辑组中可以包含多个图层，但它们必须是连续的图层。

任务实施——制作电影海报

本任务中，我们将通过制作图 6-112 所示的电影海报，继续练习应用调整图层、图层样式、图层蒙版、剪辑组的方法。案例最终效果请参考本书配套素材"素材与实例" > "项目六"文件夹> "制作电影海报.psd"文件。

制作思路

打开素材图片，通过调整图层的混合模式和不透明度制作图像融合效果，然后创建剪辑组制作图像文字并添加描边效果，最后添加"色相/饱和度"调整图层，完成制作。

制作步骤

步骤 1 打开本书配套素材"项目六"文件夹中"30.psd"图像文件，如图 6-113 左图所示。打开"图层"调板，并将"图层 1"置为当前图层，然后设置混合模式为"强光"，"不透明度"为 75%，此时城堡图像与背景融合在一起，如图 6-113 右图所示。

图 6-112　电影海报效果图　　　　　图 6-113　打开素材图片并设置图层混合模式

步骤 2 在"图层"调板中，显示"图层 2"并将其置为当前图层，然后设置"混合模式"为"变亮"，"不透明度"设置为 60%，参数设置及效果分别如图 6-114 所示。

图 6-114　为"图层 2"设置混合模式和不透明度

步骤3 打开本书配套素材"项目六"文件夹中的"31.jpg"图像文件，利用前面学过的方法制作人物图像的选区，并对选区进行羽化，然后将选取的人物图像复制到"30.psd"图像窗口右上角，如图 6-115 所示。

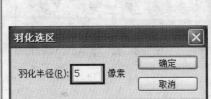

图 6-115　选取人物图像并复制

步骤4 在"图层"调板中，双击人物图像所在"图层4"的缩览图，在打开的"图层样式"对话框中为"图层4"设置外发光参数，如图 6-116 左图所示。参数设置好后，单击"确定"按钮，关闭对话框。

步骤5 单击"图层"调板底部的"添加图层蒙版"按钮 ，为"图层4"添加图层蒙版，然后选择"画笔工具" 并设置合适的笔刷属性，然后在人物图像底边涂抹，擦除部分图像以使人物图像与背景自然融合，如图 6-116 右图所示。

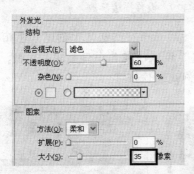

图 6-116　设置外发光参数并添加图层蒙版

步骤6 在"图层"调板中同时显示"第七日"和"图层3"，并将"第七日"作为当前图层，然后按住【Alt】键，将光标放置在"第七日"文字图层与"图层3"的分界线上，当光标呈 形状时单击鼠标，创建剪辑组，得到如图 6-117 右图所示效果。

步骤7 在"图层"调板中确保"图层3"为当前图层，然后利用"移动工具" 移动图像，调整该图像在文字中的显示区域，如图 6-118 所示。

步骤8 在"图层"调板中双击"第七日"文字图层的空白区域，在打开的"图层样式"对话框中设置描边参数，参数设置及效果分别如图 6-119 所示。

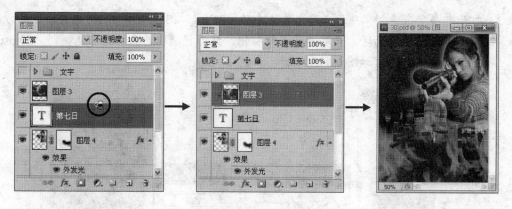

图 6-117　创建剪辑组

图 6-118　移动图像

图 6-119　设置描边参数

步骤 9　在"图层"调板中选中并显示"文字"编组，然后在所有图层之上创建"色相/饱和度"调整图层，如图 6-120 所示。打开"调整"调板，在其中设置相关参数，调整图像的显示效果，如图 6-121 所示。至此，本例就制作好了。

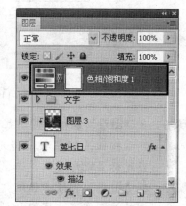

图 6-120　显示文字编组并创建调整图层

图 6-121　编辑调整图层

项目总结

本项目主要介绍了 Photoshop CS5 的图层功能。读者在学完本项目内容后，应重点掌握以下知识。

➢ 了解"图层"调板的组成元素和掌握图层的基本操作方法。

➢ 从实用性来讲，设置图层混合模式是很常用的操作，但其原理较难理解，因此对于初学者来说，应多操作，并在操作中理解其原理。

➢ 利用 Photoshop 提供的投影、内阴影、斜面和浮雕、发光和光泽、叠加与描边等图层样式，可以制作许多特殊图像效果。各图层样式的创建方法基本相同。

➢ 图层蒙版是建立在当前图层上的一个遮罩，用于遮盖当前图层中不需要显示的图像，从而控制图像的显示范围或制作图像融合效果。对于普通图层蒙版而言，它实际上是一幅 256 色的灰度图像，其白色区域为完全不透明区，黑色区域为完全透明区，其他灰色区域为半透明区。

➢ 调整图层和填充图层都属于带蒙版的图层，利用它们可以在不改变源图像的情况下，调整图像的色彩或填充图像。

➢ 图层组是多个图层的组合，利用它可以方便地对众多的图层进行管理，并对组中的所有层进行统一的设置；剪辑组不是用来管理图层，而是用来制作一些特殊的图像效果。

课后操作

1. 打开本书配套素材"项目六"文件夹中的"32.psd"、"33.jpg"图像文件，将"32.psd"中的郁金香复制到"33.jpg"中，然后利用复制图层方式多复制几分，并适当旋转或翻转，最后利用"对齐"与"分布"命令对齐与分布图像，制作出图 6-122 右图所示的花边。

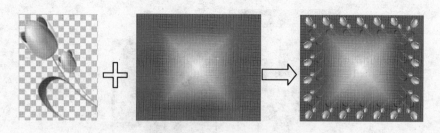

图 6-122　制作花边效果

2. 打开本书配套素材"项目六"文件夹中的"34.psd"图像文件，为环形图像添加投影、内阴影、外发光、斜面和浮雕及渐变叠加样式，制作出玉手镯效果，如图 6-123 右图所示。

图 6-123　制作玉手镯效果

项目七 绘制路径和形状

项目描述

在 Photoshop 中，形状与路径都用于辅助绘画。其共同点是：它们都使用相同的绘制工具（如钢笔、直线、矩形等工具），其编辑方法也完全一样。不同点是：绘制形状时，系统将自动创建以前景色为填充内容的形状图层，此时形状被保存在图层的矢量蒙版中；路径并不是真实的图形，无法用于打印输出，需要用户对其进行描边、填充才成为图形。此外，可以将路径转换为选区。

知识目标

- 了解形状工具和钢笔工具属性栏中各选项的意义，掌握绘制形状的方法。
- 了解"路径"调板的构成，掌握绘制路径，以及对路径进行填色和描边的方法。

能力目标

- 能够利用"矩形工具" ▣、"圆角矩形工具" ▣、"椭圆工具" ◉、"多边形工具" ◉、"直线工具" ＼和"自定形状工具" ▨绘制形状和路径。
- 能够利用"钢笔工具" ◢绘制形状和路径。
- 能够利用"直接选择工具" ▷、"路径选择工具" ▶、"添加锚点工具" ◈、"删除锚点工具" ◈和"转换点工具" ◣编辑形状和路径。
- 能够描边和填充路径。
- 能够将路径转换为选区，将选区转换为路径。
- 能够在实践中利用以上工具绘制出需要的图形。

任务一 绘制形状

任务说明

在 Photoshop 中，系统提供了形状工具组、钢笔工具组等多种绘制与编辑图形的工具。

其中利用形状工具组可绘制图形；利用钢笔工具组不仅可以绘制图形，还可对绘制的图形进行简单的编辑。下面便来学习这些知识。

预备知识

一、使用形状工具组

形状工具组主要由六个工具组成，如图 7-1 所示。每个形状工具都提供了特定的选项，各个工具的功能如下：

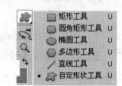

> ➤ "**矩形工具**" ▢：可以绘制出矩形、正方形的路径或形状。
> ➤ "**圆角矩形工具**" ▢：可以绘制出圆角矩形。
> ➤ "**椭圆工具**" ◉：可以绘制出圆形和椭圆形的路径或形状。
> ➤ "**多边形工具**" ⬡：可以绘制等边多边形，如等边三角形、
>   五角星和星形等。
> ➤ "**直线工具**" ╲：可以绘制出直线或带有箭头的形状和路径。
> ➤ "**自定形状工具**" ☁：可以创建 Photoshop 预设的形状、自
>   定义的形状或者是外部提供的形状，如箭头、月牙形和心形等形状。

图 7-1　形状绘制工具组

在选择形状工具后，首先需要在工具属性栏中选择一种绘图模式，然后设置相应的属性，接着就可以在图像窗口中拖动鼠标绘制所选的图形了，如图 7-2 所示。

图 7-2　"矩形工具"属性栏

> ➤ "**形状图层**" ▢：单击选中该选项表示绘制图形时将创建形状层，此时所绘制的形
>   状将被放置在形状层的蒙版中。
> ➤ "**路径**" ▨：单击选中该选项表示绘制时将创建工作路径，不生成形状。
> ➤ "**填充像素**" ▢：单击选中该选项表示绘制时生成位图。

二、使用钢笔工具

利用"钢笔工具" ✐可以绘制连续的直线或曲线，并可在绘制过程中对形状进行简单的编辑；利用"自由钢笔工具" ✐可以像使用铅笔在纸上绘图一样来绘制形状。关于这两个工具的具体操作方法请参考本任务中的任务实施二。

任务实施

一、绘制卡通电视

下面，我们将通过绘制图 7-3 所示的卡通电视，来进一步熟悉形状工具组的特点和用法。案例最终效果请参考本书配套素材"素材与实例">"项目七"文件夹>"绘制卡通电视.psd"文件。

制作思路

打开素材图片，首先用"矩形工具" ▣绘制电视机外壳，用"椭圆选框工具" ◎绘制电视机屏幕，用"椭圆工具" ●绘制电视机的按钮，用"多边形工具" ●绘制电视机顶部天线座，用"直线工具" ╲绘制电视机天线；然后利用"自定形状工具" ◈绘制屏幕画面和装饰物；最后为各图形添加图层样式。

制作步骤

步骤1 打开本书配套素材"项目七"文件夹中的"1.jpg"图像文件，设置前景色为红色（#f91111），然后选择"矩形工具" ▣，并在其工具属性栏中按下"形状图层"按钮 ▣，如图 7-4 所示。

图 7-3　卡通电视效果图　　　　图 7-4　打开素材图片并设置"矩形工具"属性栏

➢ **形状工具按钮** ◢◈▣●●●╱◈▼：用于选择形状工具，当选择了相应的工具后，单击右侧的 ▼按钮，可在弹出的下拉面板中设置相关工具的参数，如图 7-5 所示。

➢ **形状运算按钮** ▣▫▭▯▮：当在一个形状图层中绘制多个形状时，可利用这些运算按钮设置形状运算方式（相加、相减、求交与反转），效果如图 7-6 所示。

相加 ▣　　　　相减 ▣　　　　求交 ▣　　　　反转 ▣

图 7-5　"矩形工具"工具选项　　　　图 7-6　形状运算

➤ **样式**：单击"样式"右侧的  图标右侧的小三角按钮，可以从弹出的样式下拉列表中为当前形状图层添加样式，从而使形状显示各种特殊效果。

步骤 2 将鼠标光标移至图像中的适当位置，单击并拖动鼠标绘制一个矩形，如图 7-7 左图所示。此时，在"图层"调板中自动生成一个"形状 1"的形状图层，单击该图层的矢量蒙版缩览图，可隐藏矢量蒙版轮廓（再次单击将重新显示），如图 7-7 右图所示。如此一来，更改前景色将不会改变当前形状图层中形状的填充颜色。

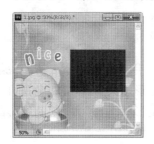
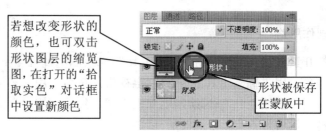

若想改变形状的颜色，也可双击形状图层的缩览图，在打开的"拾取实色"对话框中设置新颜色

形状被保存在蒙版中

图 7-7 绘制矩形并隐藏形状图层矢量蒙版的轮廓

步骤 3 设置前景色为淡黄色（# f9f9c4）。选择工具箱中的"圆角矩形工具" ⬭，然后在工具属性栏中设置圆角"半径"为 20px，其他参数设置如图 7-8 所示。

图 7-8 "圆角矩形工具"属性栏

步骤 4 将光标移至红色矩形的左上角，单击并拖动鼠标创建一个圆角矩形，如图 7-9 所示，然后在"图层"调板中单击"形状 2"图层的矢量蒙版缩览图，隐藏矢量蒙版轮廓。

步骤 5 将前景色设置为浅绿色（# 9ffc85）。选择工具箱中的"椭圆工具" ⬭，按住【Shift】键，在圆角矩形右下方单击并拖动鼠标绘制两个正圆，如图 7-10 所示，然后在"图层"调板中单击"形状 4"图层的矢量蒙版缩览图，隐藏矢量蒙版轮廓。

步骤 6 将前景色设置为天蓝色（#20dbe7）。选择工具箱中的"多边形工具" ⬭，在其工具属性栏中设置"边"为 3，然后单击形状工具右侧的下拉三角按钮 ▾，在打开的几何选项下拉面板中设置"半径"为"1 厘米"，其他参数不变，如图 7-11 左图所示。

步骤 7 在矩形上方拖动鼠标绘制三角形，如图 7-11 右图所示，然后隐藏矢量蒙版轮廓。

选中该复选框可绘制多角星形

图 7-9 绘制圆角矩形　　　　图 7-10 绘制正圆　　　　图 7-11 绘制三角形

步骤 8　将前景色设置为紫色（#a14ad3）。选择工具箱中的"直线工具" ，在其属性栏中设置"粗细"为 1px，其他参数不变，然后在蓝色三角形的上方绘制两条直线，如图 7-12 所示。绘制好后，隐藏矢量蒙版轮廓。

步骤 9　将前景色设置为浅蓝色（# 9cd2ff），选择工具箱中的"自定形状工具" ，单击"形状"右侧的下拉三角按钮 ，在弹出的"自定形状"拾色器列表中选择"双八分音符"形状，其他选项不变，如图 7-13 所示。

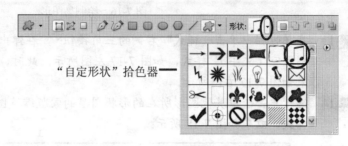

"自定形状"拾色器

图 7-12　绘制直线　　　　　　　　　　图 7-13　"自定形状工具"属性栏

步骤 10　属性设置好后，利用拖动方式在电视屏幕右上角绘制所选图形，如图 7-14 所示。

步骤 11　如果系统默认提供的形状不能满足需要，可单击形状工具右侧的 按钮，在弹出的"自定形状"拾色器中单击右上角的圆形三角按钮 ，从弹出的控制菜单中选择需要的形状类型，如"动物"形状，如图 7-15 所示。

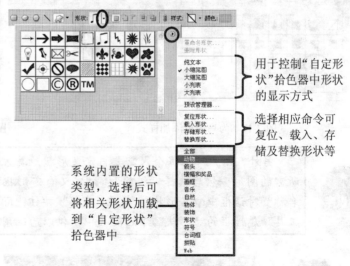

用于控制"自定形状"拾色器中形状的显示方式

选择相应命令可复位、载入、存储及替换形状等

系统内置的形状类型，选择后可将相关形状加载到"自定形状"拾色器中

图 7-14　绘制音符图形　　　　　　　图 7-15　选择"动物"形状

步骤 12　在打开的提示对话框中单击"追加"按钮，即可在"自定形状"拾色器中添加动物形状，这里我们选择"鸟 2"形状，然后在电视屏幕中绘制鸟图形，如图 7-16 所示。

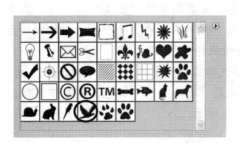

图 7-16　绘制鸟图形

步骤 13　在属性栏中单击"样式"右侧的三角按钮 ▼，在弹出的"样式"拾色器中选择"雕刻天空（文字）"样式，如图 7-17 左图所示。此时，鸟图形被添加了图层样式，效果如图 7-17 右图所示。

步骤 14　继续单击选中其他图形所在的形状图层的蒙版缩览图，为这些形状添加自己喜欢的样式，效果如图 7-18 所示。

 提示　形状图层不同于普通的图层，用户不能对它执行诸如绘画、调整色彩与色调、应用大多数滤镜等操作。如果希望将形状层转换为普通层，可选择"图层" > "栅格化" > "形状" 或 "图层" 菜单。

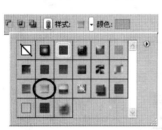

图 7-17　为鸟图形添加样式　　　　　　　　　　　图 7-18　为其他形状添加样式

 知识库　另外，用户可根据个人需要自定义形状。其方法是：利用形状工具绘制所需的图形，然后选择"编辑" > "定义自定形状" 菜单，在弹出的"形状名称"对话框中命名形状并单击"确定"按钮，即可将图形载入"自定形状工具"属性栏的"形状"下拉面板中，供以后选用，如图 7-19 所示。

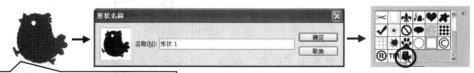

读者可打开本书配套素材"项目七"文件夹中的"2.psd"图像文件进行操作

图 7-19　自定义形状

二、绘制冰激凌

下面，我们将通过绘制图 7-20 所示的冰激凌，来学习"钢笔工具" 📝和"自由钢笔工具" 📝的用法。案例最终效果请参考本书配套素材"素材与实例" > "项目七"文件夹> "绘制冰激凌.psd"文件。

制作思路

打开素材图片，首先用"钢笔工具" 📝绘制冰激凌的三角杯形状，继续用"钢笔工具" 📝绘制冰激凌的形状；然后选择"自由钢笔工具" 📝绘制冰激凌的融合效果；最后为各图形添加图层样式。

制作步骤

步骤 1 打开本书配套素材"项目七"文件夹中的"3.jpg"图像文件，然后设置前景色为蓝色（#00b3d3），背景色为桃红色（#f99ffc），如图 7-21 所示。

图 7-20　冰激凌效果图　　　　　　　　图 7-21　打开素材图片

步骤 2 首先绘制三角杯。选择工具箱中的"钢笔工具" 📝，并在其工具属性栏中设置图 7-22 所示的参数。

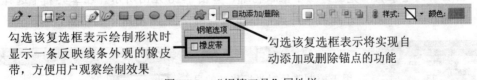

图 7-22　"钢笔工具"属性栏

步骤 3 参数设置好后，将鼠标光标移至图像窗口中部，单击鼠标左键确定第 1 个锚点，如图 7-23 左图所示；起点确定好后，将光标向右方移动并单击鼠标，确定第 2 个锚点，如图 7-23 中图所示；在第 2 点与第 1 点下方单击鼠标确定第 3 个锚点，如图 7-23 右图所示。在 Photoshop 中，使用钢笔工具单击创建的锚点为直线锚点。

步骤 4 将光标放在第 1 个锚点上，此时光标呈 ♣ 形状，单击鼠标可闭合形状并结束绘制。这样一个由连续直线组成的三角杯形状就绘制好了，如图 7-24 所示。在"图层"调板中，单击形状图层的矢量蒙版缩览图，隐藏矢量蒙版轮廓。

确定起点

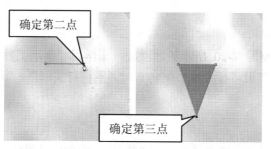
确定第二点

确定第三点

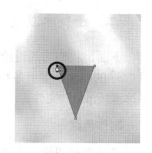

图 7-23 绘制三角杯　　　　　　　　　　　图 7-24 闭合形状

步骤 5 下面绘制冰激凌形状，切换前景色与背景色，在三角杯上边线的左端单击确定起点（第 1 个锚点），如图 7-25 左图所示；然后在三角杯上方中部单击并按住鼠标左键不放向右拖动，拖出两个方向控制杆，如图 7-25 中图所示。此时创建的锚点为曲线锚点，可通过拖动锚点两侧的方向控制杆来调整曲线弧度。

步骤 6 再在三角杯上边线的右端单击确定终点（第 3 个锚点），如图 7-25 右图所示。最后按【Esc】键结束形状的绘制，再隐藏矢量蒙版轮廓。

确定起点

控制杆

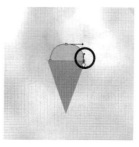

图 7-25 绘制冰激凌

步骤 7 下面绘制冰激凌的融化效果，在"图层"调板中单击冰激凌形状所在的"形状 2"图层的矢量蒙版缩览图，显示蒙版轮廓，如图 7-26 左图所示。在工具箱中选择"自由钢笔工具" ，并在其工具属性栏中设置图 7-26 右图所示的参数。

用于控制路径对光标移动的灵敏度，值越大，创建的路径锚点越平滑，值越小，创建的路径越接近于光标移动的轨迹

勾选该复选框，"自由钢笔工具" 将具有"磁性套索工具" 的属性，将自动吸附磁性锚点

图 7-26 选择"形状 2"蒙版缩览图和设置"自由钢笔工具"属性

步骤 8 将光标移动到冰激凌路径的起点处，此时光标成 形状，如图 7-27 左图所示，按住鼠标左键并沿图 7-27 中图所示的路径拖动，到冰激凌路径的终点处时光标呈 形状，释放鼠标闭合形状并结束绘制，如图 7-27 右图所示。

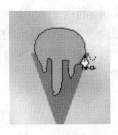

图 7-27　绘制冰激凌的融化效果

步骤9　分别在"图层"调板种选中"形状 1"和"形状 2"图层的蒙版缩览图，在工具属性栏中单击"样式"右侧的三角按钮▼，在弹出的"样式"拾色器中为形状选择自己喜欢的样式，如图 7-28 所示。

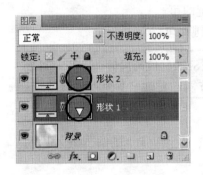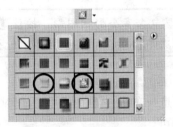

图 7-28　为形状添加图层样式

使用"钢笔工具"时应注意以下几点。

➢ 默认情况下，只有在封闭了当前形状后，才可绘制另一个形状。但是，如果用户希望在未封闭上一形状前绘制新形状，除了按【Esc】键以外，也可单击"钢笔工具"或其他工具。

➢ 将鼠标光标移至形状终点，当光标呈形状时，单击鼠标左键并拖动可调整形状终点的方向控制线。

➢ 将光标移至某锚点上，鼠标光标呈形状时单击可删除锚点。

➢ 将鼠标光标移至形状上非锚点位置，当鼠标光标呈形状时，单击鼠标可在该形状上增加锚点。如果单击并拖动，则可调整形状的外观。

➢ 在绘制路径时，可用 Photoshop 的撤销功能逐步回溯删除所绘线段。

任务二　编辑和调整形状

任务说明

使用"钢笔工具"或其他形状（路径）工具绘图时，有时不能一次就绘制准确，而需要在绘制完成后，利用 Photoshop 提供的各种形状编辑工具（参见图 7-29）或命令来改变图形的外观、移动图形的位置、复制与删除图形，以及对图形执行自由变形等编辑操作。下面便来学习这些知识。

（图右上角）
- 钢笔工具   P
- 自由钢笔工具   P
- 添加锚点工具
- 删除锚点工具
- 转换点工具
- 路径选择工具   A
- 直接选择工具   A

图 7-29   绘制与编辑工具

预备知识

一、编辑形状

1．选择、移动、复制与删除形状

➤ 要移动形状的位置，可首先选中"路径选择工具" ，然后单击形状并拖动。

➤ 要复制形状，只需在移动形状的同时按住【Alt】键即可。

➤ 要删除形状，只需先选中形状，然后按【Delete】键即可。

小技巧

> 如果当前图层包含多个形状图形，按住【Shift】键的同时，利用"路径选择工具" 依次单击形状，或者利用框选方式，可选中多个形状图形。

2．将形状转换为选区

将形状转换为选区的方法是：在按住【Ctrl】键的同时，单击形状图层中的矢量蒙版，或者按【Ctrl+Enter】组合键即可。

二、调整形状

1．旋转、翻转、缩放与变形形状

在用户选中了任何一个形状工具后，在"编辑"菜单中原来为"自由变换"和"变换"菜单项的位置处将变为"自由变换路径"和"变换路径"菜单项，选择其中任何一个菜单项均可进入自由变形状态，此时可利用变换图像的方法来变换形状，如图 7-30 所示。

> 读者可打开本书配套素材"项目七"文件夹中的"4.psd"图像文件进行操作

图 7-30   形状的自由变换

2．改变形状外观

要改变形状外观，可使用如下工具。

➤ "直接选择工具" ：选中该工具后，单击形状边线可显示形状锚点，单击锚点可显示锚点的方向控制杆。单击锚点并拖动，可移动锚点的位置，从而调整形状外观，如图 7-31 所示；单击曲线和贝叶斯锚点方向控制杆的端点并拖动，可调整曲线形状的弧度。

➤ "添加锚点工具" ：选中该工具后，在形状边线上单击可为形状增加锚点。

> "删除锚点工具" ：选中该工具后，在形状边线上单击锚点可删除锚点，从而改变形状的外观，如图7-32所示。不过，在使用该工具之前，应先用"路径选择工具" 或"直接选择工具" 单击形状显示锚点。

图7-31　改变形状外观　　　　　　　　　　图7-32　删除锚点

> **小技巧**　用"钢笔工具" 绘制图形时，按住【Ctrl】键不放，可快速切换到"直接选择工具" ，此时可调整锚点或锚点方向控制杆，以便编辑图形形状。

> "转换点工具" ：在 Photoshop 中，锚点的类型分为3类，分别是直线锚点、曲线锚点与贝叶斯锚点，利用"转换点工具" 可改变锚点类型，如图7-33所示。

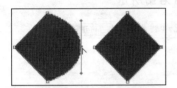  

单击曲线或贝叶斯锚点，　　　　单击直线锚点并拖动，可　　　　单击曲线锚点方向控制杆的端点并
可将其转换为直线锚点　　　　将其转换为曲线锚点　　　　拖动，可将其转换为贝叶斯锚点

图7-33　利用"转换点工具" 改变锚点类型

> **知识库**　直线锚点的特点是没有方向控制杆；曲线锚点的特点是锚点两侧存在方向控制杆，虽然两个方向控制杆的长度可以不同，但始终在一条直线上；贝叶斯锚点两侧都有方向控制杆，而且两个方向控制杆可以不在一条直线上。

任务实施——制作名片

下面，我们将通过制作图7-34所示的名片，练习编辑与调整形状的方法。案例最终效果请参考本书配套素材"素材与实例">"项目七"文件夹>"制作名片.psd"文件。

制作思路

首先利用各种形状绘制工具绘制名片背景和标志形状，再更改形状图层的填充内容，最后移入文字并添加细节进行修饰，完成名片制作。

制作步骤

步骤1　按【Ctrl+N】组合键打开"新建"对话框，在该对话框中设置文档参数，如图7-35

所示。设置完成后，单击"确定"按钮新建一个文档。

图 7-34　名片效果图　　　　　　　　　　　　　图 7-35　"新建"对话框

步骤 2　将前景色设置为黄色（# f9cf00）。选择"钢笔工具" ，单击工具属性栏中的"形状图层"按钮 ，然后在图像窗口绘制如图 7-36 左图所示的形状。

步骤 3　按【Ctrl+J】组合键将绘制的形状复制到"形状 1 副本"图层，然后双击该图层的缩览图，在打开的对话框中将图形的颜色为（#f5dc60），再选择"移动工具" ，并按键盘上的【←】键，将形状向左移动，效果如图 7-36 右图所示。

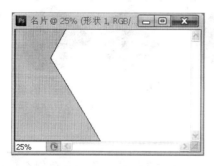

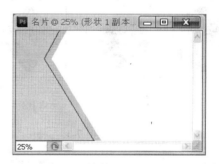

图 7-36　绘制、复制与移动形状

步骤 4　再按【Ctrl+J】组合键复制出"形状 1 副本 2"图层，然后更改图形的颜色为（# f8e99f），再将图形向左移动，如图 7-37 所示。

步骤 5　继续使用"钢笔工具" 在图像窗口右上角绘制三角形，然后参照与步骤 3～4 相同的操作方法来复制、移动和更改三角形的颜色，其效果如图 7-38 所示。

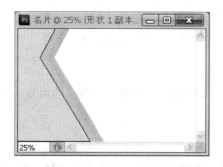

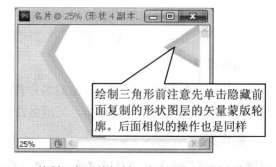

绘制三角形前注意先单击隐藏前面复制的形状图层的矢量蒙版轮廓。后面相似的操作也是同样

图 7-37　复制、移动形状并设置颜色　　　　图 7-38　绘制三角形并复制、移动形状和更改颜色

步骤 6　利用"钢笔工具"　在三角形的左侧绘制菱形，然后利用"路径选择工具"　单击选中绘制的菱形，在按住【Alt+Shift】组合键同时，向左拖动鼠标，将绘制的菱形水平复制一些，得到图 7-39 右图所示效果。

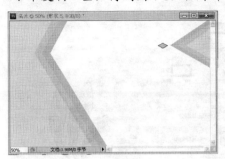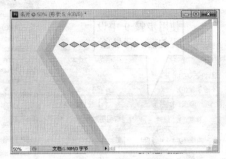

图 7-39　绘制菱形

步骤 7　单击"创建新图层"按钮　，然后选择"自定形状工具"　，在工具属性栏中的"自定形状"拾色器中选择"圆形边框"，并在按住【Shift】键的同时，于图 7-40 所示位置绘制正圆形边框图形。

步骤 8　选择"矩形工具"　，在工具属性栏中单击"从形状区域减去"按钮　，然后在圆形边框的上方绘制矩形，得到两者相减的半圆形边框，如图 7-41 所示。之后隐藏该形状图层的矢量蒙版轮廓。

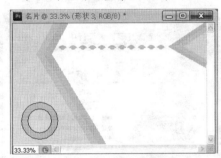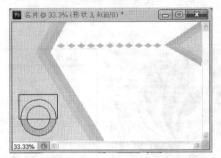

图 7-40　绘制圆边框　　　　　　　　图 7-41　制作半圆形边框

步骤 9　将前景色设置为红色（#f61515），背景色设置为橙色（#f3b806），然后单击"创建新图层"按钮　，接着选择"钢笔工具"　，在半圆形边框的上方绘制如图 7-42 左图所示形状。

步骤 10　利用"路径选择工具"　选中步骤 9 中绘制的图形，按住【Alt】组合键同时，将其再复制出两份，分别进行自由变换操作，其效果如图 7-42 右图所示。

图 7-42　利用"钢笔工具"绘制图形并复制

步骤 11 为步骤9中绘制的图形添加渐变叠加、斜面和浮雕图层样式，参数设置及效果分别如图 7-43 所示。

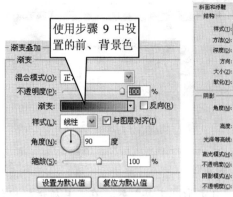

图 7-43 为形状添加图层样式

步骤 12 将斜面和浮雕效果复制到半圆形边框上，然后打开本书配套素材"项目七"文件夹中的"5.psd"图像文件，并将其中的所有文字移至"名片"图像窗口中，放好位置，效果如图 7-44 右图所示。至此，本例就制作好了。

图 7-44 复制图层样式并添加文字

任务三 绘制与编辑路径

任务说明

　　路径和形状的创建与编辑方法完全相同。要绘制路径，只需选择相应的工具，并单击工具属性栏中的"路径"按钮，然后在图像窗口中绘制即可。

　　绘制好路径后，也可用前面介绍的形状编辑工具移动、复制路径，调整路径的形状，以及对路径进行旋转、翻转和变换等。

　　路径与形状的区别在于，路径被保存在图像的"路径"调板中，并且路径本身不会出现在将来输出的图像中。只有对路径进行描边和填充后，它才会成为真正的图像。

下面我们便来认识一下路径调板，以及学习路径的绘制、编辑、描边与填充方法。

预备知识

一、认识"路径"面板

选择"窗口">"路径"菜单，打开"路径"调板，如图 7-45 所示，调板中各元素的意义如下。

➢ **路径层**：与形状图层类似，路径也可分别存储在不同的路径层中。单击"路径"调板底部的"创建新路径"按钮 🔲，可以创建一个路径层，并自动命名为"路径 1"、"路径 2"等；要在某个路径层中绘制路径，可先单击将其设为当前路径（在调板中以蓝色条显示），此时用户所做的操作都是针对当前路径的。

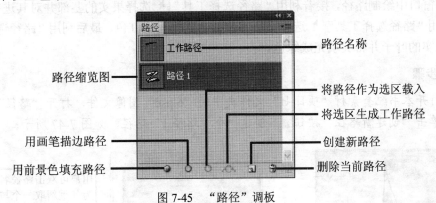

图 7-45　"路径"调板

➢ **工作路径**：绘制路径时，若未选中任何路径层，则所绘的路径将被存储在"工作路径"层中。若当前"工作路径"层中已经存放了路径，则其内容将被新绘路径所取代。若在绘制路径前先在"路径"调板中单击选中了"工作路径"层，则新绘路径将被增加到"工作路径"层中。

➢ **"用前景色填充路径"按钮** ●：单击该按钮，可以用前景色填充当前路径。

➢ **"用画笔描边路径"按钮** ○：单击该按钮，将使用"画笔工具" ✐ 和前景色对当前路径进行描边，用户也可选择其他绘图工具对路径进行描边。

➢ **"将路径作为选区载入"按钮** ○：单击该按钮，可以将当前路径转换为选区。

➢ **"将选区生成工作路径"按钮** ◇：单击该按钮，可以将当前选区转换为路径。

➢ **"删除当前路径"按钮** 🗑：选中任意路径层，单击该按钮可将其删除。

二、路径的显示与隐藏

要在图像窗口中隐藏和显示路径，可执行如下操作。

> ➢ 单击"路径"调板的空白处可隐藏所有路径；单击某个路径层，可显示该层中的所有路径。
> ➢ 按住【Shift】键单击某个路径层的缩览图，可暂时隐藏其中的所有路径；再次单击可重新显示路径。按【Ctrl+H】组合键也可隐藏/显示当前路径层中的所有路径。

任务实施——绘制果实

下面，我们将通过绘制如图 7-46 所示的果实，来具体学习路径的绘制、描边与填充方法。案例最终效果请参考本书配套素材"素材与实例">"项目七"文件夹>"绘制果实.psd"文件。

制作思路

打开素材图片，首先在"路径"调板中创建一个"路径 1"路径，然后利用"钢笔工具"在图像窗口中绘制路径，接着利用"路径选择工具"选择果实的茎部并对其进行黑色描边，再利用"路径选择工具"选择果实部位并将其填充成红色，最后利用"路径选择工具"选择果实的叶子并将其填充成绿色。

制作步骤

步骤1 打开本书配套素材"项目七"文件夹中的"6.psd"图像文件，打开"路径"调板，单击"创建新路径"按钮，创建一个"路径 1"路径，如图 7-47 所示。

用户可双击路径名称，为其重新取一个与保存的路径相符的名称

图 7-46　果实效果图　　　　　　　　　　图 7-47　创建路径

步骤2 选择"钢笔工具"，单击工具属性栏中的"路径"按钮，然后在图像窗口中绘制图 7-48 左图所示路径。选择"椭圆工具"，在其工具属性栏中单击"路径"按钮，然后在图像窗口中绘制如图 7-48 右图所示圆形路径。

步骤3 利用"路径选择工具"单击选中如图 7-49 左图所示路径，然后设置前景色为黑色，选择"画笔工具"，在其工具属性栏中设置画笔为 5px 的硬边笔刷，其他选项保持默认。

步骤4 单击"路径"调板底部的"用画笔描边路径"按钮，如图 7-49 中图所示，此时，得到图 7-49 右图所示的路径描边效果。

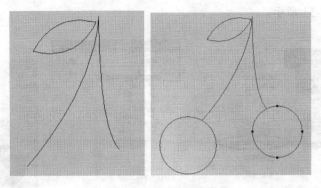

图 7-48　绘制路径

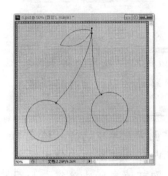 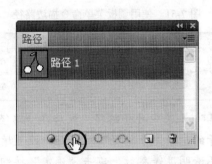 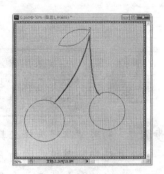

图 7-49　使用"路径"调板中的按钮填充路径

步骤 5 将前景色设置为红色（#f30d0d），选择"路径选择工具" ![箭头]，按住【Shift】键依次单击同时选中两个圆形路径，如图 7-50 左图所示，然后单击"路径"调板中底部的"用前景色填充路径"按钮 ![图标]，如图 7-50 中图所示，此时，得到图 7-50 右图所示的路径填充效果。

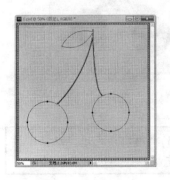  

图 7-50　利用"路径"调板中的按钮填充路径

步骤 6 用户也可以利用菜单命令来对路径进行描边和填充操作。将前景色设置为白色，确保选中两个圆形路径，单击"路径"调板右上角的下三角按钮 ![图标]，从弹出的调板菜单中选择"描边子路径"菜单，打开"描边子路径"对话框，单击 ![图标] 按钮可在展开的下拉列表中选择描边工具，单击"确定"按钮，即可使用所选工具的属性描边路径，如图 7-51 所示。

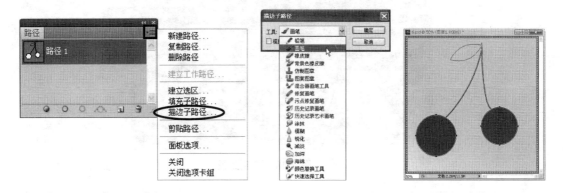

图 7-51　使用调板菜单命令描边路径

　　如果用户没有在图像窗口中选择任何路径，则调板菜单中显示的将是"描边路径"和"填充路径"菜单，利用它们可以对当前路径层中的所有路径进行描边或填充。

步骤 7　利用"路径选择工具" ▶ 选中叶子路径，然后在"路径"调板菜单中选择"填充子路径"菜单，在打开的"填充子路径"对话框中设置填充内容（这里我们使用绿色 #10981d 填充）和不透明度等参数，单击"确定"按钮，即可填充所选路径，如图 7-52 所示。

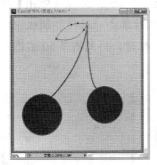  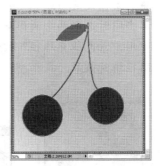

图 7-52　使用调板菜单命令填充路径

　　按住【Alt】键的同时单击"路径"调板底部的"用前景色填充路径"按钮 ● 或"用画笔描边路径"按钮 ○，也可打开填充路径或描边路径对话框。

项目总结

本项目主要介绍了形状和路径的绘制与编辑方法，学完本项目内容后，用户应重点掌握以下知识。

- ➢ 了解路径与形状之间的区别，并熟练掌握路径和形状工具的应用方法和技巧。需要注意的是，在 Photoshop 中绘制的形状被保存在矢量蒙版中，单击相应图层的矢量蒙版缩览图，可隐藏矢量蒙版轮廓（再次单击将重新显示），这样在更改前景色时将不会改变当前形状图层中形状的填充颜色。

- ➢ 若想改变形状的颜色，可双击形状图层的缩览图，在打开的"拾取实色"对话框中设置新颜色。

- ➢ 对初学者来说，"钢笔工具" 和相关调整工具的用法很难把握，为此，读者可经常使用这些工具描绘现有图像的轮廓，从而练习其使用方法。

- ➢ 用户可利用不同的"路径"层来管理路径。此外，对路径进行描边时，可先设置好相应绘图工具的属性，如选择合适的笔刷，设置笔刷大小，然后再进行描边。

课后操作

1. 打开本书配套素材"项目七"文件夹中的"8.jpg"图像文件，如图 7-53 所示，然后利用"钢笔工具" 和"椭圆工具" 描绘出企鹅的形状，分别将描绘的图形放在不同的形状图层中，并为相应图层添加描边样式（效果可参考"项目七"文件夹中的"8ok.psd"）。

2. 打开本书配套素材"项目七"文件夹中的"9.psd"图像文件，然后打开"路径"调板，依次将所有路径填充上不同的颜色，制作出图 7-54 所示标志图形，最终效果可参考"项目七"文件夹中的"9ok.psd"图像文件。

图 7-53 素材图片

正兴科技股份有限公司

图 7-54 素材图片

项目描述

　　文字编排是平面设计中非常重要的一项内容。利用 Photoshop 中的文字工具，用户可为图像增加具有艺术感的文字，从而增强图像的表现力。本项目我们便来学习在图像中输入和美化文字的方法。

知识目标

　　❧　了解文字的类型，掌握各种文字工具的用法。
　　❧　掌握编辑和设置文字格式的方法。
　　❧　掌握制作特殊效果文字的方法。

能力目标

　　❧　能够在图像中输入文本、选择文本以及利用"字符"、"段落"调板设置文本字符格式和段落属性。
　　❧　能够制作特殊效果的文字，如创建变形文字，将文字沿路径或在图形内部放置，将文字转换为路径或形状，以及栅格化文字图层等。

任务一　输入文字

任务说明

　　在 Photoshop 中，系统提供了 4 种文字工具："横排文字工具" T、"直排文字工具" IT、"横排文字蒙版工具" T 和"直排文字蒙版工具" IT，如图 8-1 所示。下面我们主要学习横排和直排文字工具的使用方法。

用这两个工具可以输入横排或直排的普通文字和段落文字，并生成文字图层

- ■ **T** 横排文字工具　　　T
- **¡T** 直排文字工具　　　T
- **T** 横排文字蒙版工具　T
- **T** 直排文字蒙版工具　T

用这两个工具只可以创建文字形状的选区，不生成文字图层

图 8-1　工具箱中文字工具组

预备知识

一、输入点文本

在编辑图像时，如果输入的文字较少，可以通过直接输入点文本的方式来输入文字。

步骤1　打开本书配套素材"项目八"文件夹中的"1.jpg"图像文件，并设置前景色为棕黄色。

步骤2　选择工具箱中的"横排文字工具" **T** （或"直排文字工具" **¡T**），在工具属性栏中单击"设置字体系列"下拉按钮，在弹出的下拉列表中选择合适的字体，然后在"设置字体大小"下拉列表框中选择字体大小为36点（或直接输入36），其他属性保持默认，如图 8-2 所示。

设置消除文字　　设置文字的　设置文字颜色（与
锯齿的方式　　　对齐方式　　前景色一致）

| **T** · | ¡T | 方正康体简体 | — | **T** 36点 | aa 锐利 | ≡ ≡ ≡ | | ⌐ | |

输入文字后，单击该按钮可以切
换文字的排列方式（水平或垂直）　　图 8-2　文字工具属性栏

　操作系统提供的字体毕竟是有限的，为了制作出漂亮的文字效果，用户可到相关网站下载字体，如方正字体、汉仪字体等，并将其拷贝到"C:\WINDOWS\Fonts"目录下，这样就可以在 Photoshop 中使用新字体了。

步骤3　属性设置好后，将光标移至图像窗口的适当位置并单击，待出现闪烁光标后即可输入文字，如图 8-3 左图所示。

步骤4　输入完毕后，单击属性栏中的"提交所有当前编辑"按钮✓，或者按【Ctrl+Enter】组合键即可完成输入，如图 8-3 中图所示。此时系统会自动新建一个文字图层，如图 8-3 右图所示。

图 8-3　直接输入文字

> 　　　　输入文字时，如果希望改变文字位置，可按住【Ctrl】键单击并拖动文字。要撤销当前的输入，可在结束输入前按【Esc】键或单击工具属性栏中的"取消当前编辑"按钮◎。

二、输入段落文本

当用户进行画册、样本等设计时，经常需要输入较多的文字，这时我们可以把大段的文字输入在文本框里，以对文字进行更多的控制。

步骤1 打开本书配套素材"项目八"文件夹中的"2.jpg"图像文件，选择"横排文字工具" T 或"直排文字工具" T ，在工具属性栏中设置合适的文字属性。

步骤2 将鼠标光标移至图像窗口中，此时光标呈 I 或 ⊞ 形状，按住鼠标左键不放拖动鼠标，当达到所需的位置后松开鼠标，绘制一个文本框，待文本框左上角出现闪烁的光标时，即可输入文字，如图 8-4 所示。输入完毕，按【Ctrl+Enter】组合键确认输入。

图 8-4　输入段落文字

> 　　　　如果输入的文字过多，文本框的右下角控制点将呈田形状，这表明文字超出了文本框范围，文字被隐藏了，这时我们可以通过拖动文本框上的控制点来改变文本框大小（操作方法与自由变换图像相似），显示被隐藏的文字。
> 　　　　此外，选中文字图层（但不要进入文本编辑状态），选择"图层">"文字">"转换为段落文本"或"转换为点文本"菜单，可将点文本和段落文本相互转换。

任务实施——制作房地产招贴

下面，我们将通过制作图 8-5 所示的房地产招贴，来练习文字工具的使用。案例最终效果请参考本书配套素材"素材与实例">"项目八"文件夹>"制作房地产招贴.psd"文件。

制作思路

打开素材图片，首先选择"横排文字工具" T ，通过直接输入点文本的方式来输入海报的标题文字，然后通过输入段落文本的方式来输入海报的段落文字，最后对段落文字进行调整。

制作步骤

步骤1 打开"项目八"文件夹中的素材图片"3.jpg"文件，如图 8-6 所示。下面我们先用"横排文字工具" T 来为招贴输入标题文字。

图 8-5　房地产招贴效果图　　　　　　图 8-6　打开素材图片

步骤2 选择"横排文字工具" T ，然后在其工具属性栏中设置字体、字号、颜色等参数，本例设置的参数如图 8-7 所示。

图 8-7　"横排文字工具"属性栏

步骤3 在图 8-8 所示位置单击，然后输入"王者之气　至尊天墅"，按【Ctrl+Enter】组合键确认输入。

步骤4 单击"创建新图层"按钮，然后在"横排文字工具" T 属性栏中调整文字的字体为"汉仪大宋简"，字号为"14 点"，再在图像窗口中绘制文本框并输入段落文字，效果如图 8-9 所示。

图 8-8　输入文字　　　　　　　　　　图 8-9　输入段落文字

步骤5 将光标放置在文本框的右下角，当光标呈 ↖ 形状时，单击并拖动鼠标将文本框放大，如图 8-10 左图所示。然后将光标放置在文本框内部，按住【Ctrl】键，当光标呈 ▶ 形状时，将文本框移至满意位置，如图 8-10 中图所示。

步骤6 调整满意效果后，选中全部段落文字，单击文字工具属性栏中的"右对齐文本"按钮 ，再按【Ctrl+Enter】组合键确认输入，最终效果如图 8-10 右图所示。

图 8-10　输入段落文字

任务二　编辑和设置文字格式

任务说明

输入文字后，用户还可以对文字进行编辑，例如修改全部或部分文字内容、字体、大小或颜色等。此外，根据版面要求，用户还可利用字符或段落调板设置更多的文字格式，如设置字符间距、行距、缩进、对齐、加粗、斜体和基线偏移等。

预备知识

一、编辑文字

要编辑输入的文字，首先要选取文字，其操作方法如下。

➢ 选择"横排文字工具" T 或"直排文字工具" IT ，然后将光标移至文字区单击，系统会自动将文字图层设置为当前图层，并进入文字编辑状态，此时可以在插入点输入文字。也可以按住鼠标左键不放拖动选中单个或多个文字，然后对选中的文字进行设置字体、颜色、格式，以及复制、删除等编辑操作，如图 8-11 所示。

➢ 双击文本图层的缩览图，可以选中图层中的所有文字，如图 8-12 所示。此时，用户可对当前文本图层中的所有文字进行颜色、字号、间距、行距等属性设置。

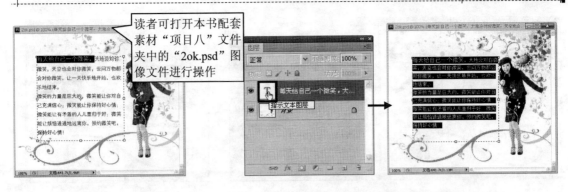

图 8-11 选中部分文字并修改大小　　　图 8-12 双击文字图层缩览图选中图层中所有文字

二、设置字符格式

选中要设置字符格式的文本，然后单击工具属性栏中的"切换字符和段落面板按钮"按钮，或选择"窗口"＞"字符"菜单，打开"字符"调板，在其中可更改文字的字体、大小、颜色、行距、间距等属性，如图 8-13 左图所示，图 8-13 右图所示为部分参数设置效果。

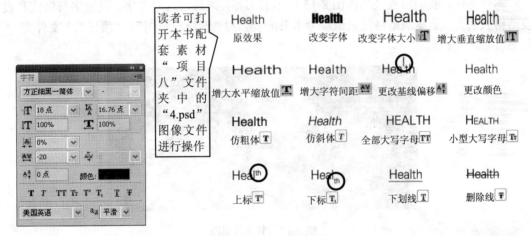

图 8-13 设置字符格式

选中文字后，按【Shift+Ctrl+>】、【Shift+Ctrl+<】组合键，可以快速放大或缩小字号；按【Alt】键的同时，按键盘上的【→】、【←】键，可以快速放大或缩小字间距；按住【Alt】键的同时，按键盘上的【↑】、【↓】键，可以快速放大或缩小行间距。

三、设置段落格式

用户可利用"段落"调板设置所选段落或光标所在段落的格式。例如，将光标置入图 8-14 左图所示的第 1 段文本中，然后选择"窗口"＞"段落"菜单，打开"段落"调板，设置段落首行缩进为"20 点"，段后间距为"10 点"，如图 8-14 中图和右图所示。

图 8-14　利用"段落"调板设置段落属性

在 Photoshop 中选中文字图层（不进入文本编辑状态）后，用户也可以对当前文字图层中的所有文字进行颜色、字号、间距、对齐等属性设置。

任务实施——制作书签

本任务中，我们将通过制作图 8-15 所示的书签，来练习选取文字、设置字符格式和设置段落格式的方法。案例最终效果请参考本书配套素材"素材与实例"＞"项目八"文件夹＞"制作书签.psd"文件。

图 8-15　书签效果图

制作思路

首先打开素材图片并切换到文字工具；然后打开"字符"调板，分别更改"乡"字和"月"字的字号与基线偏移；接着选择全部段落文字，并打开"段落"调板，更改段落第一行文本的缩进量；再将段落最后一行文本的对齐方式更改为"右对齐文本"；最后打开"字符"调板，选择全部段落文字并更改它们的字体、字号、行距和颜色，完成实例。

制作步骤

步骤 1　打开本书配套素材"项目八"文件夹中的"5.psd"图片文件，如图 8-16 所示。可以看到我们已经预先在图片中输入了文字。

图 8-16 素材图片与其"图层"调板

步骤 2 在"图层"调板中双击"标题文字"图层缩览图，便可选中该图层中的所有文字，此时系统将自动切换到文字工具，如图 8-17 所示。

图 8-17 选取文字

步骤 3 选择"窗口">"字符"菜单项，打开"字符"调板，参考图 8-18 所示。设置所选文本的字符格式，效果如图 8-19 所示。

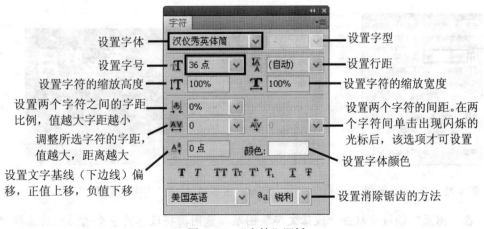

图 8-18 "字符"调板

图 8-19　更改字体和和字号后的效果

步骤 4　将光标移到"乡"字前并拖动选中此字，然后在"字符"调板中更改其字体大小为"40 点"，在基线偏移编辑框中输入"-25"点，如图 8-20 所示，此时文字效果如图 8-21 所示。

图 8-20　"字符"调板　　　　　　　　　　图 8-21　"乡"字设置效果

步骤 5　选中"月"字，更改其字体大小为"60 点"，设置其基线偏移为"-20 点"，如图 8-22 所示。设置好后按【Ctrl+Enter】组合键确认操作，此时文字效果如图 8-23 所示。

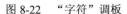

图 8-22　"字符"调板　　　　　　　　　　图 8-23　"月"字设置效果

步骤 6　在"图层"调板中双击"段落文字"图层缩览图，将段落文字全选。然后选择"窗口" > "段落"菜单项打开"段落"调板，并参照图 8-24 所示设置参数，效果如图8-25 所示。其中各选项的意义如下：

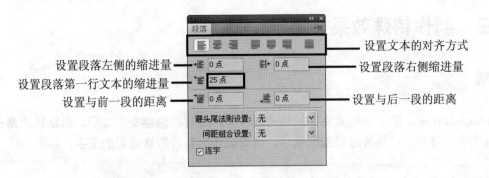

图 8-24　"段落"调板

设置文本的对齐方式
设置段落左侧的缩进量
设置段落右侧缩进量
设置段落第一行文本的缩进量
设置与前一段的距离
设置与后一段的距离

图 8-25　设置首行缩进后的效果

步骤 7　在段落的最后一行单击，插入一个光标，然后在"段落"调板中单击"右对齐文本"按钮 将文字右对齐，如图 8-26 所示。

图 8-26　设置段落文字的右对齐

步骤 8　全选段落文字并切换到"字符"调板，参照如图 8-27 所示的参数设置文本属性。最终效果如图 8-28 所示。

单击此按钮可在打开的"选择文本颜色"拾色器中选择颜色

图 8-27　更改文字的字体和颜色　　　　　图 8-28　最终效果

任务三　制作特殊效果文字

任务说明

在 Photoshop 中，除了可设置文字的基本属性外，还可以创建变形文字，沿路径或路径内部放置文字，将文字转换为路径或形状等，从而制作出各种特殊效果的文字。

预备知识

一、创建变形文字

利用 Photoshop CS5 提供的"文字变形"命令，可以使文本呈现弧形、波浪形和鱼形等特殊效果，使其具有艺术美感。

打开本书配套素材"项目八"文件夹中的"6.psd"图像文件，选中文字图层，选择"图层" > "文字" > "文字变形"菜单，或者单击文字工具属性栏中的"创建文字变形"按钮 ，打开图 8-29 中图所示"变形文字"对话框，然后在"样式"下拉列表框中选择所需样式，并设置弯曲度和扭曲度，单击"确定"按钮，即可创建变形文字，如图 8-29 右图所示。

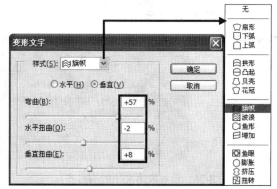

图 8-29　创建变形文字

　　　如果对文字的变形效果不满意，可选中文字图层并打开"变形文字"对话框，重新选择样式或设置参数。如果要取消变形设置，可在"样式"下拉列表中选择"无"选项。

二、沿路径或图形内部放置文字

在 Photoshop 中，我们可以沿绘制的路径或在图形内部（关于路径和图形的绘制方法，请参考项目九内容）放置文字。下面通过一个实例来说明具体操作方法。

步骤 1　打开本书配套素材"项目八"文件夹中的"7.psd"图像文件，打开"路径"调板，选中"路径1"层，在图像中显示在素材中已绘制好的路径，如图8-30左图所示。

步骤2　选择"横排文字工具" T，在工具属性栏中设置字体为方正大黑简体、字号为23、对齐方式为左对齐、字体颜色为黑色，然后将光标移至路径1上，待光标呈 I 形状时单击，即可沿路径输入文字，如图8-30中图和右图所示。

图8-30　沿路径输入文字

　　输入文字后，选择"直接选择工具"，将光标移至文字上方，待光标呈、或形状时单击并沿路径拖动，可沿路径移动文字；如果沿垂直于文字的方向拖动，可翻转文字。

　　此外，选择"路径选择工具"，将光标移至路径上方，待光标呈形状后单击并拖动，可移动路径，此时文本将随之移动。

步骤3　如果绘制的是封闭路径或图形，则可将文字沿路径或图形内部放置。例如，在"图层"调板中，单击"渐变填充 2"图层的矢量蒙版缩览图，在窗口中显示矢量蒙版轮廓，如图8-31左图所示。

步骤4　选择"横排文字工具" T，设置字体为方正粗宋简体、字号为14，然后将光标移至矢量图形内部，当光标呈 时单击插入光标，即可在该图形内部输入文字，如图 8-31 中图和右图所示。

图8-31　在图形内部放置文字

三、将文字转换为路径或形状

　　打开"项目八"文件夹中的素材图片"8.psd"文件。在 Photoshop 中，用户可以将文字转换为路径或形状，然后对其进行各种变形操作，从而得到各种异型文字。要将文字转换为路径或形状，可选中文字图层，然后执行如下操作。

- ➢ 选择"图层">"文字">"创建工作路径"菜单，即可在"路径"调板中生成文字的工作路径。
- ➢ 选择"图层">"文字">"转换为形状"菜单，即可将文字转换为形状，文字图层转换为形状图层。

> **提示**　将文字转换为形状或路径后，用户可以利用"直接选择工具" ▶、"钢笔工具" ✎ 等工具编辑文字形状，从而制作各种特殊效果的文字，如图 8-32 所示。

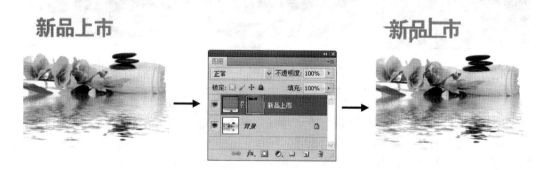

图 8-32　将文字图层转换为形状图层制作异型字

四、栅格化文字图层

文字图层不同于普通的图层，虽然可以为文字图层添加图层样式，但不能直接对文字图层执行诸如绘画、调整色彩与色调、应用大多数滤镜等操作。因此，如果希望对文本进行复杂的处理，可首先将文字图层栅格化，即将其转换为普通图层。

要栅格化文字图层，可在选中文字图层后，选择"图层">"栅格化">"文字"或"图层"菜单；或右击文字图层，从弹出的快捷菜单中选择"栅格化文字"项即可。此时，用户就可以使用"画笔工具" ✐ 在文字上进行绘画了。

任务实施——制作异型文字

本任务中，我们将通过制作图 8-33 所示的异型文字，练习将文字图层转换为形状图层，并制作异型字的方法。案例最终效果请参考本书配套素材"素材与实例">"项目八"文件夹>"制作异型文字.psd"文件。

制作思路

首先将文字图层转换为形状图层，然后利用"直接选择工具" ▶ 编辑文字图形的形状，最后为形状图层添加图层样式，完成实例制作。

制作步骤

步骤1 打开本书配套素材"项目八"文件夹中的"9.psd"图像文件，然后打开"图层"调板，选中文字图层，如图 8-34 右图所示。

图 8-33　异型文字效果图　　　　　　　　图 8-34　打开素材图片并选中文字图层

步骤2 选择"图层" > "文字" > "转换为形状"菜单，将文字转换为形状。此时文字图层被转换为形状图层，如图 8-35 右图所示。

图 8-35　将文字图层转换为形状图层

步骤3 在工具箱中选择"直接选择工具"，然后单击选中图 8-36 左图所示的锚点，按下鼠标左键并向上拖动，至适当位置释放鼠标，得到图 8-36 中图所示效果。

步骤4 用"直接选择工具"单击选中如图 8-36 中图所示的锚点（白色圆圈内），然后将其拖至图 8-36 右图所示位置，再拖动左侧的控制柄，调整图形的弧度。

 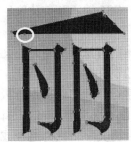 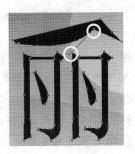

图 8-36　利用"直接选择工具"编辑文字形状

步骤5 利用"直接选择工具"框选（在要选择的对象周围拖出一个方框）图 8-37 左图所示的图形，按【Delete】键将选中的图形删除，得到图 8-37 中图所示效果；再依次单击选中图 8-37 中图所示两个锚点（白色圆圈内）并按【Delete】键删除，效果如图 8-37 右图所示。

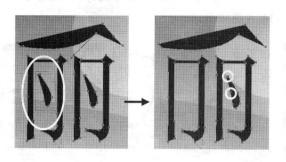

图 8-37　删除图形和锚点

步骤 6 继续用"直接选择工具"拖动其他锚点和锚点控制柄，调整图形的形状至图 8-38 左图所示，然后利用"直接选择工具"将"人"调整成图 8-38 右图所示效果。

步骤 7 最后为形状图层添加投影、渐变叠加和描边效果，效果如图 8-39 所示。

图 8-38　调整图形的形状　　　　　图 8-39　为形状图层添加样式

项目总结

　　本项目主要介绍了在 Photoshop CS5 输入和美化文字的各种方法。读者在学完本项目内容后，应重点掌握以下知识。

➢ 掌握输入点文本和段落文本的方法。其中，点文本是在选择相应的文字工具后直接输入，段落文本则需要先绘制文本框，然后在文本框中输入文本。

➢ 掌握选取文本，并利用"字符"和"段落"调板设置文本字符和段落属性的方法。选择文本时，用户可选择相应文字图层中的所有文本，也可以只选择个别文本。

➢ 掌握对文字进行变形，以及将文字转换为路径或形状，然后调整其形状的方法。此外，还需要掌握将文字图层转换为普通图层的方法。

➢ 掌握将文字沿路径或图形内部放置，并进行移动或翻转的方法。

课后操作

1. 打开本书配套素材"项目八"文件夹中的"10.psd"图像文件，在其中输入并设置文本，制作图8-40右图所示的音乐海报。

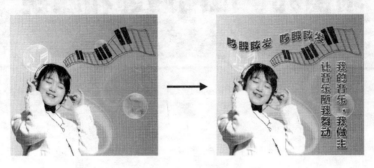

图8-40　制作音乐海报

提示：

打开素材文件，选"横排文字工具" T ，在工具栏中设置合适的字体和字号，然后输入"哆睐睐发 哆睐睐发"文本；接着为输入的文本应用"旗帜"变形样式，以及添加"投影"、"斜面和浮雕"、"渐变叠加"和"描边"样式；最后利用"直排文字工具" T 输入其他文本，并添加与上一文本相同的图层样式即可。

2. 打开本书配套素材"项目八"文件夹中的"11.psd"文件，在其中输入并设置文本，制作图8-41右图所示的化妆品海报。

提示：

（1）打开素材文件，输入"美夫人"文本并设置"上弧"变形效果，然后为文本图层添加"投影"和"外发光"样式。

（2）依次单击"图层"调板"形状1"、"形状2"和"形状3"图层的矢量蒙版缩览图，在图像窗口中显示形状的路径，然后分别沿相应的路径输入文字，并利用"直接选择工具"或"路径选择工具"调整文字在路径上的位置。

（3）单击"图层"调板中"形状4"图层的矢量蒙版缩览图，显示其路径，然后在图形内部输入文字。

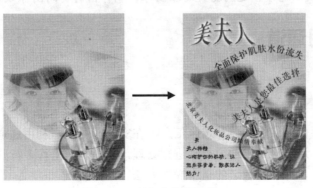

图8-41　制作化妆品海报

项目九　应用通道和滤镜

项目描述

　　通道和滤镜是 Photoshop 中的重要功能，掌握通道方面的知识，有助于读者更好地理解 Photoshop 处理图像的原理，以及利用通道抠图和制作一些特殊的图像效果；利用滤镜则可快速制作出很多特殊的图像效果，如风吹效果、浮雕效果、光照效果等。下面我们便来学习 Photosho 通道和滤镜的使用方法。

知识目标

- ✎ 了解 Photoshop 通道的原理和主要用途，以及"通道"调板的构成，并掌握通道的基本操作方法。
- ✎ 了解 Photoshop 滤镜的一般特点与使用规则和技巧，以及一些典型滤镜的用法。

能力目标

- ✎ 能够创建、复制与删除通道，能够分离与合并通道，以及创建专色通道。
- ✎ 能够在实践中利用 Photoshop 的通道功能制作一些特殊的图像效果，以及抠图等。
- ✎ 能够在实践中选择合适的滤镜处理图像，制作出需要的图像效果。

任务一　应用通道

任务说明

　　通道主要用于存储图像的颜色和选区信息，在实际应用中，利用通道可以快捷地选择图像中的某部分图像，还可对原色通道单独进行处理，从而制作出许多特殊图像效果。下面我们便来认识一下通道，并掌握通道的基本操作方法。

预备知识

一、认识通道

在 Photoshop 中打开一幅图像后，系统会根据该图像的颜色模式创建相应的通道，选择"窗口">"通道"菜单，打开"通道"调板可看到这些通道，如图 9-1 所示。"通道"调板中各选项的意义如下所示。

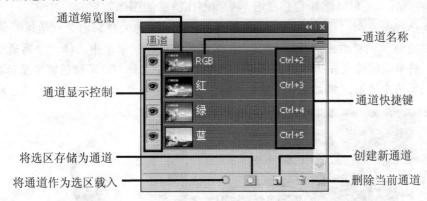

图 9-1　"通道"调板

> ➤ **通道名称、通道缩览图、眼睛图标**：与"图层"调板中相应项目的意义基本相同。和"图层"调板不同的是，每个通道都有一个对应的快捷键，用户可通过按相应快捷键来选择通道，而不必在"通道"调板中单击选择。
> ➤ **"将通道作为选区载入"按钮**：单击该按钮，可将通道中的部分内容（默认为白色区域部分）转换为选区，相当于执行"选择">"载入选区"菜单。
> ➤ **"将选区存储为通道"按钮**：单击此按钮可将当前图像中的选区存储为蒙版，并保存到一个新增的 Alpha 通道中。该功能与"编辑">"存储选区"菜单相同。
> ➤ **"创建新通道"按钮**：单击该按钮可以创建新通道。用户可最多创建 24 个通道。
> ➤ **"删除当前通道"按钮**：单击该按钮可删除当前所选通道。

在 Photoshop 中，根据图像颜色模式的不同，通道的表示方法也不同。例如，对于 RGB 模式的图像来说，其通道默认有 4 个，即 RGB 合成通道（主通道）、R 通道、G 通道与 B 通道，如图 9-1 所示；对于 CMYK 模式的图像来说，其通道默认有 5 个，即 CMYK 合成通道（主通道）、C 通道（青色）、M 通道（洋红）、Y 通道（黄色）与 K 通道（黑色）。以上这些通道都可称为图像的基本通道。

此外，我们还可以根据需要增加一些特殊通道，如 Alpha 通道和专色通道。其中，Alpha 通道用于保存 256 级灰度图像，其不同的灰度代表了不同的透明度，即黑色代表全透明，白色代表不透明，灰色代表半透明；专色通道主要用于辅助印刷。

二、通道基本操作

在"通道"调板中创建、选择、复制和删除通道的操作方法与图层相似，在此我们不再赘述，下面主要介绍一下分离和合并通道，以及创建专色通道的方法。

1. 分离和合并通道

Photoshop 可以将图像文件中的各通道分离出来，各自成为一个单独文件。对分离的通道文件进行相应编辑后，还可以重新合并通道，从而制作特殊的图像效果。

步骤 1 打开本书配套素材"项目九"文件夹中的"1.jpg"图像文件，打开"通道"调板，单击"通道"调板右上角的 按钮，在弹出的调板控制菜单中选择"分离通道"菜单项，将当前图像文件的各通道分离。分离后的各个文件都以单独的窗口显示在屏幕上，且均为灰度图，其文件名为原文件的名称加上通道名称的缩写，如图 9-2 所示。

图 9-2　分离通道

在分离通道前，如果当前图像包含多个图层，应该先合并所有图层，再执行分离通道操作，否则此命令不能使用。通道分离后的文件个数与图像的颜色通道数量有关：RGB 模式图像可以分离成 3 个独立的灰度文件，而 CMYK 模式图像将分离成 4 个独立的灰度文件。

步骤 2 利用"画笔工具" 分别在三个灰度图像上绘制"杜鹃花串"图案（该画笔位于"特殊效果画笔"库中），其效果分别如图 9-3 所示。

图 9-3　在分离通道后的灰度图像中绘画

步骤 3 在"通道"调板控制菜单中选择"合并通道"菜单项，打开图 9-4 中图所示的"合并通道"对话框，在其中设置合并后文件的色彩模式，如选择"RGB 颜色"。

步骤 4 参数设置好后，单击"确定"按钮，系统将打开图 9-4 右图所示的"合并 RGB 通道"对话框，不做任何修改，单击"确定"按钮可将分离后的 3 个灰度图像恢复为原来的 RGB 图像，如图 9-5 所示。

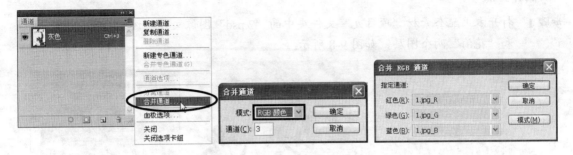

图 9-4　设置合并通道属性

2．创建专色通道

要创建专色通道，可选择"通道"调板控制菜单中的"新建专色通道"菜单项，此时系统将打开如图 9-6 左图所示的"新建专色通道"对话框。用户可通过该对话框设置通道名称、油墨颜色（对印刷有用）和油墨密度，单击"确定"按钮，即可创建一个专色通道，如图 9-6 右图所示。

图 9-5　合并通道后的新文件

"密度"用于在屏幕上显示模拟打印效果，对实际打印输出并无影响

图 9-6　新建专色通道

任务实施

一、制作水晶文字

下面我们通过制作图 9-7 所示的水晶文字，学习创建与编辑"Alpha"通道的方法。案例最终效果请参考本书配套素材"素材与实例"＞"项目九"文件夹＞"制作水晶文字.psd"文件。

制作思路

首先将文字选区创建为"Alpha"通道，并对该通道执行"高斯模糊"和"光照效果"滤镜；然后利用"色彩范围"命令选取文字的高光部分，并将选区填充为白色；接着利用"色相/饱和度"命令调整图像色彩；最后为"花海"图层添加"内阴影"样式。

制作步骤

步骤1 打开本书配套素材"项目九"文件夹中的"2.psd"图像文件，该文件包含"背景"和"花海"两个图层，如图9-8所示。

图9-7 水晶文字效果图　　　　　　　　　　图9-8 打开素材图片

步骤2 将"花海"置为当前图层，按住【Ctrl】键单击该层的缩览图以创建文字选区，如图9-9左图所示。

步骤3 打开"通道"调板，单击调板底部的"将选区存储为通道"按钮，新建"Alpha1"通道，然后单击选中该通道，如图9-9中图所示，此时图像窗口如图9-9右图所示。

图9-9 创建"Alpha1"通道并选中该通道

　　单击"通道"面板右上方的"下三角"按钮，在出现的菜单中选择"通道选项"，弹出"通道选项"对话框，在这里可以设置蒙版的选择范围，更改蒙版的颜色和名称，也可将 Alpha 通道转换为专色通道。

步骤4 选择"滤镜" > "模糊" > "高斯模糊"菜单，打开"高斯模糊"对话框，在对话框中设置"半径"为9，单击"确定"按钮，对所选通道执行高斯模糊，效果如图9-10右图所示。

图 9-10 应用"高斯模糊"滤镜

步骤 5 下面我们要使用"光照效果"滤镜使文字更具立体感。切换到"图层"调板，单击"花海"图层，将其置为当前层。选择"滤镜">"渲染">"光照效果"菜单，打开"光照效果"对话框，在对话框中设置图 9-11 左图所示的参数。

步骤 6 参数设置好后，单击"确定"按钮关闭对话框，然后按【Ctrl+D】组合键取消选区，得到如图 9-11 右图所示效果。

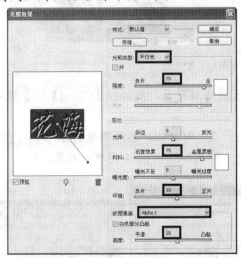

图 9-11 应用"光照效果"滤镜

步骤 7 接下来我们使用"色彩范围"命令选取文字的高光部分。首先创建"花海"二字的选区，然后选择"选择">"色彩范围"菜单，打开"色彩范围"对话框，单击对话框中的"吸管工具"，然后在文字较亮区域处单击，并设置"颜色容差"为"120"，单击"确定"按钮关闭对话框。此时，将文字的较亮区域制作成了选区，效果如图 9-12 右图所示。

图 9-12　创建较亮区域的选区

步骤 8　将选区羽化 2 像素，然后在"花海"图层之上新建"图层 1"，并使用白色填充选区，再按【Ctrl+D】组合键取消选区，得到如图 9-13 所示效果。

图 9-13　新建图层、填充选区

步骤 9　在"图层"调板中将"花海"图层置为当前图层，然后按【Ctrl+I】组合键将文字反相，得到如图 9-14 所示效果。

步骤 10　按【Ctrl+U】组合键打开"色相/饱和度"对话框，参照图 9-15 左图所示设置参数，然后单击"确定"按钮关闭对话框，得到如图 9-15 右图所示效果。

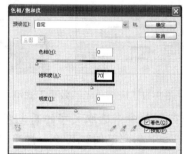

图 9-14　反相文字　　　　　　　　　　　　　图 9-15　为文字上色

步骤 11　最后为"花海"图层添加"内阴影"样式，参数设置及效果分别如图 9-16 所示。至此，一个漂亮的水晶字效果就制作好了。

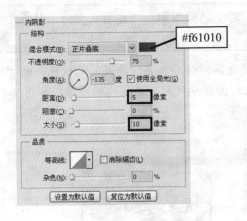

图 9-16 添加"内阴影"样式

二、制作时尚桌面

本任务中，我们将通过制作图 9-17 所示的时尚桌面，学习使用通道选取图像的方法。案例最终效果请参考本书配套素材"素材与实例"＞"项目九"文件夹＞"制作时尚桌面.psd"文件。

制作思路

打开素材图片，首先复制"背景"图层，利用"钢笔工具" ✐ 勾勒出人物图像的大体轮廓，并创建图层蒙版；然后复制一个对比强烈的通道，在通道中利用"反向"命令将需要创建为选区的图像区域制作为白色并转换成选区；接着为"背景"图层创建图层蒙版，以便隐藏人物图像以外的区域；再合并图层，将抠取出来的人物图像移动到背景图像中；最后复制人物图像并进行自由变换及调整图层混合模式等操作即可。

制作步骤

步骤 1　打开本书配套素材"项目九"文件夹中的"3.jpg"图像文件，按【Ctrl+J】组合键，将"背景"图层复制为"图层 1"，然后利用"钢笔工具" ✐ 勾出图像中人物的大体轮廓路径，如图 9-18 所示。

图 9-17 时尚桌面效果图

图 9-18 绘制路径

> **提示**　在勾人物的大体轮廓时，碎发的细节部分不要勾在里面，因为在后面我们要利用通道来进行扣取。

步骤 2　按【Ctrl+Enter】组合键将路径变成选区，然后单击"图层"调板底部的"添加图层蒙版"按钮，创建人物蒙版，在该图层中只显示选区内的图像，如图 9-19 所示。

> 当图像中存在选区时，单击"添加图层蒙版"按钮后，将创建一个仅显示选区图像的蒙版

图 9-19　创建蒙版

步骤 3　打开"通道"调板，分别单击各颜色通道，查找层次分明、对比度强的通道。这里我们选择"蓝"通道，并将其拖至调板底部的"创建新通道"按钮上，复制出"蓝副本"通道，如图 9-20 左图所示。复制通道的目的是为了在利用通道创建选区时，不破坏原图像。

步骤 4　按【Ctrl+L】组合键，在打开的"色阶"对话框中分别将"色阶"下的 3 个滑块的数值调整为 145、1 和 177，单击"确定"按钮，从而使头发和背景更清楚地分开，如图 9-20 中图和右图所示。

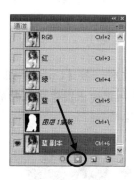 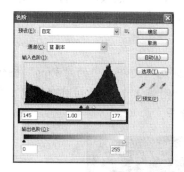 

图 9-20　复制通道并利用"色阶"命令调整复制的通道

步骤 5　按【Ctrl+I】组合键将"蓝副本"通道的颜色反向（即黑变成白，白变成黑），如图 9-21 左图所示，然后单击"通道"调板底部的"将通道作为选区载入"按钮（或按住【Ctrl】键单击"蓝副本"的缩略图），即可将通道中的白色区域内容（头发）转换为选区，如图 9-21 右图所示。

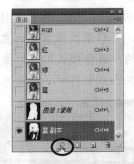

图 9-21 将"蓝副本"通道载入选区

用户也可以利用"画笔工具" ✍ 或其他工具编辑通道图像，使图像图像中需要抠取出来的区域变成白色。

步骤6 在"通道"调板中单击"RGB"通道，然后双击"图层"调板中的"背景"图层，将其转换为普通图层"图层0"。

步骤7 单击"图层"调板底部的"添加图层蒙版"按钮 ▣，为"图层0"添加蒙版，只显示该图层选区内的图像，得到图 9-22 所示效果。此时，图像被完全抠取出来了。

图 9-22 创建蒙版

步骤8 将前景色设置为黑色，使用"画笔工具" ✍ 编辑蒙版，将图像背景中的杂质去掉，效果如图 9-23 左图所示，然后按【Ctrl+Shift+E】组合键将两个图层合并。

图 9-23 擦除图像中的杂质后合并图层

步骤9 打开"项目九"文件夹中的"4.jpg"文件，然后将"3.jpg"文件中的人物拖入"4.jpg"图像窗口中，并放置在图像窗口右侧，如图 9-24 所示。

步骤 10 按【Ctrl+J】组合键，将人物图像复制一份，然后选择"编辑"＞"自由变换"菜单，将复制出的人物图像水平翻转，并移至图像窗口的左侧。

步骤 11 在"图层"调板中设置该图层的"混合模式"为"柔光"，此时得到如图 9-25 右图所示效果。至此，一个漂亮的桌面就制作好了。

图 9-24　移动图像　　　　图 9-25　水平翻转图像并设置图层混合模式

任务二　应用滤镜

任务说明

滤镜是我们在处理图像时的得力助手，经过滤镜处理后的图像可以产生许多令人惊叹的神奇效果，下面我们便来学习滤镜的使用方法。

预备知识

一、滤镜使用方法

Photoshop 将提供的多种滤镜分类放置在"滤镜"菜单中，如风格化、模糊、扭曲滤镜组等，使用时只需要从"滤镜"菜单中选择需要的滤镜即可，如图 9-26 所示。

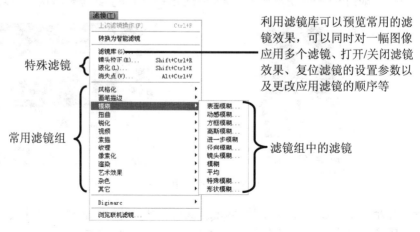

图 9-26　"滤镜"菜单

滤镜虽然种类繁多，但使用方法都很相似。例如，要对某个图像应用"影印"滤镜，可执行如下操作。

步骤 1 打开本书配套素材"项目九"文件夹中的"5.jpg"图像文件，然后按【D】键恢复默认的前、背景色。

步骤 2 选择"滤镜" > "素描" > "影印"菜单，打开图 9-27 右图所示"影印"对话框，在其中设置"细节"为 2，"暗度"为 10，单击"确定"按钮关闭对话框，得到图 9-28 右图所示影印效果。

图 9-27　选择"影印"滤镜并设置相关参数

图 9-28　对图像应用"影印"滤镜前后对比效果

二、滤镜的使用规则

所有滤镜的用法都有以下几个相同点，用户必须遵守这些操作要领，才能准确有效地使用滤镜功能。

> Photoshop 会针对选区进行滤镜效果处理。如果没有定义选区，则对当前选中的某一图层或通道进行处理。

> 滤镜的处理效果是以像素为单位的，因此，用相同的参数处理不同分辨率的图像，其效果也会不同。

> 在除 RGB 以外的其他颜色模式下只能使用部分滤镜。例如，在 CMYK 和 Lab 颜色模式下，不能使用"画笔描边"、"素描"、"纹理"和"艺术效果"等滤镜。

三、使用滤镜的技巧

滤镜的功能是非常强大的，使用起来千变万化，要想熟练地使用滤镜制作出所需的图像效果，还需要掌握如下几个使用技巧。

➢ 只对局部图像进行滤镜效果处理时，可以对选区设定羽化值，使处理的区域能自然地与源图像融合，减少突兀的感觉。

➢ 可以对单一原色通道或者 Alpha 通道执行滤镜，然后合成图像，或将 Alpha 通道中的滤镜效果应用到主画面中。

➢ 可以将多个滤镜组合使用，从而制作出漂亮的文字、图形或底纹等。

➢ 当执行完一个滤镜操作后，按【Ctrl+F】组合键可快速重复上次执行的滤镜操作；按【Alt+Ctrl+F】组合键可以打开上次执行滤镜操作的对话框。

➢ 在任一滤镜对话框中，按住【Alt】键，对话框中的"取消"按钮都会变成"复位"按钮，单击它可将滤镜参数设置恢复到刚打开对话框时的状态。

➢ 当执行完一个滤镜操作后，如果按下【Shift+Ctrl+F】组合键（或选择"编辑"＞"渐隐滤镜名称"菜单），将打开图 9-29 左图所示的"渐隐"对话框，利用该对话框可将执行滤镜后的图像与源图像进行混合，如图 9-29 右图所示。

图 9-29 使用"渐隐"命令修饰应用滤镜后的图像

➢ 使用"编辑"菜单中的"还原"和"重做"命令可对比执行滤镜前后的效果。

任务实施

一、制作巧克力广告

本任务中，我们将通过制作图 9-30 所示的巧克力广告，来学习利用"镜头光晕"、"喷色描边"、"波浪"、"铬黄"和"旋转扭曲"等滤镜制作特殊图像效果的方法。案例最终效果请参考本书配套素材"素材与实例"＞"项目九"文件夹＞"制作巧克力广告.psd"文件。

➢ **"喷色描边"滤镜**：该滤镜可以可产生斜纹飞溅效果。

➢ **"波浪"滤镜**：该滤镜可根据用户设定的不同波长产生类似波浪的效果。

➢ **"铬黄"滤镜**：该滤镜可以产生一种液态金属效果，该效果与前景色和背景色无关。

制作思路

打开素材图片，首先利用"镜头光晕"、"喷色描边"、"波浪"、"铬黄"和"旋转扭曲"滤镜制作巧克力液效果，然后显示素材中已提供的广告图像"图层1"，完成实例制作。

制作步骤

步骤1　打开本书配套素材"项目九"文件夹中的"6.psd"图像文件，打开"图层"调板，将"背景"图层置为当前图层。选择"滤镜">"渲染">"镜头光晕"菜单，在打开的对话框中设置"亮度"为100%，选择"50-300毫米变焦"单选钮，单击"确定"按钮，得到图9-31右图所示效果。

图9-30　巧克力广告效果图　　　　　　　　　　图9-31　应用"镜头光晕"滤镜

步骤2　选择"滤镜">"画笔描边">"喷色描边"菜单，打开"喷色描边"对话框，在其中设置"描边长度"为20，"喷色半径"为18，"描边方向"为"右对角线"，单击"确定"按钮，得到图9-32右图所示效果。

图9-32　应用"喷色描边"滤镜

步骤3　选择"滤镜">"扭曲">"波浪"菜单，在打开的对话框中设置"生成器数"为5，"类型"为"正弦"，其他参数保持不变，单击"确定"按钮，得到图9-33右图所示的效果。

步骤4　选择"滤镜">"素描">"铬黄渐变"菜单，打开"铬黄"对话框，在其中设置"细节"为0，"平滑度"为10，单击"确定"按钮，得到图9-34右图所示效果。

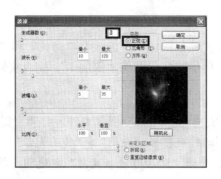

图 9-33　应用"波浪"滤镜

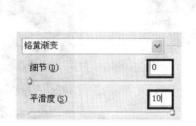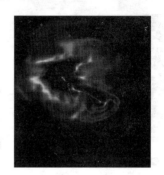

图 9-34　应用"铬黄"滤镜

步骤5 按【Ctrl+B】组合键打开"色彩平衡"对话框，参照图 9-35 左图所示进行参数设置，单击"确定"按钮，关闭对话框，得到图 9-35 右图所示效果。

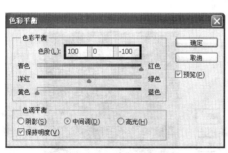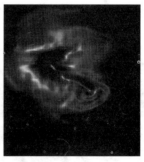

图 9-35　使用"色彩平衡"命令调整图像

步骤6 选择"滤镜" > "扭曲" > "旋转扭曲"菜单，打开"旋转扭曲"对话框，在其中设置"角度"为"-380 度"，单击"确定"按钮，得到图 9-36 右图所示效果。

步骤7 在"图层"调板中显示"图层 1"，此时画面效果如图 9-37 右图所示。至此，一份简单的巧克力广告就制作好了。

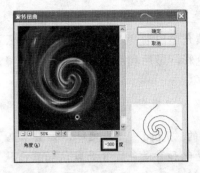

图 9-36　应用"旋转扭曲"滤镜

图 9-37　显示隐藏的图像

二、制作霹雳效果字

本任务中，我们将通过制作图 9-38 所示的霹雳字，来学习利用"分层云彩"和"霓虹灯光"滤镜制作特殊图像效果的方法。案例最终效果请参考本书配套素材"素材与实例" > "项目九"文件夹 > "制作霹雳效果字.psd"文件。

图 9-38　霹雳字效果图

➤ **"分层云彩"滤镜**：该滤镜主要作用是生成云彩并将图像进行反白处理。
➤ **"霓虹灯光"滤镜**：该滤镜可以产生霓虹灯光照效果，营造出朦胧的气氛。

制作思路

打开素材图片，首先创建文字选区并为其填充黑白渐变，然后利用"分层云彩"滤镜让文字选区内布满云彩，接着调整图像的色调和色彩，最后利用"霓虹灯光"滤镜营造出文字的光照效果。

制作步骤

步骤 1 打开本书配套素材"项目九"文件夹中的"7.psd"图片文件，如图 9-39 左图所示。

步骤 2 在英文输入法状态下按【D】键，将前景色和背景色恢复为默认的黑白状态，然后将"霹雳字"图层制作为选区，并为选区填充黑白渐变色，如图 9-39 右图所示。

图 9-39　打开素材图片与添加渐变色

步骤 3 选择"滤镜" > "渲染" > "分层云彩"菜单，然后按 3 次【Ctrl+F】组合键执行该滤镜，让文字中布满云彩，如图 9-40 所示。

步骤 4 按下【Ctrl+L】组合键，打开"色阶"对话框，按照图 9-41 所示的参数调整画面的对比度。单击"确定"按钮，效果如图 9-42 所示。

图 9-40　使用"分层云彩"滤镜效果　　　　图 9-41　使用"色阶"命令增加对比度

步骤 5 按下【Ctrl+I】组合键将文字图像反相，效果如图 9-43 所示。

图 9-42　调整色阶效果　　　　　　　　　图 9-43　反相效果

步骤6 按下【Ctrl+U】组合键，打开"色相/饱和度"对话框，按照图9-44左图所示的参数为画面着色。单击"确定"按钮，效果如图9-44右图所示。

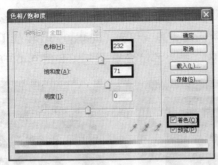

图9-44 调整图像的色相和饱和度

步骤7 取消选区，然后在"图层"调板中单击"背景"图层，选择"滤镜">"艺术效果">"霓虹灯光"菜单，打开"滤镜库"对话框，按照图9-45左图所示的参数进行设置。单击"确定"按钮，效果如图9-45右图所示。

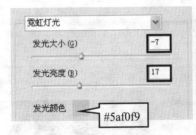

图9-45 使用"霓虹灯光"滤镜效果

三、制作木刻字牌

本任务中，我们将通过制作图9-46所示的木刻字牌，学习利用"纤维"、"浮雕效果"、"颗粒"等滤滤镜制作特殊图像效果的方法。案例最终效果请参考本书配套素材"素材与实例">"项目九"文件夹>"制作木刻字牌.psd"文件。

> "纤维"滤镜：该滤镜可在图像中产生光纤效果，光纤效果颜色由前景色和背景色决定。

> "浮雕效果"滤镜：该滤镜通过勾画图像或所选区域的轮廓和降低周围色值来生成浮雕效果。

> "颗粒"滤镜：该滤镜能在图像中随机加入不规则的颗粒，按规定的方式形成各种颗粒纹理。

制作思路

打开素材图片，首先将"图层1"中的白色区域制作成选区，并填充颜色，利用"纤维"滤镜为其营造光纤效果；然后为"图层1"的选区添加图层蒙版，利用"浮雕效果"滤镜为其打造浮雕效果；最后利用"颗粒"滤镜为"背景"图层中的黑色区域添加颗粒效果即可。

制作步骤

步骤1 打开本书配套素材"项目九"文件夹中的"8.psd"图片文件，如图9-47所示。

步骤2 将前景色设置为深棕色（#a4977e），背景色设置为浅棕色（#c4ba97），按住【Ctrl】键单击"图层1"缩览图，将其制作成选区，并为其填充前景色，如图9-48所示。

图9-46　霹雳字效果图　　　　图9-47　打开素材图片　　　　图9-48　为选区填充前景色

步骤3 选择"滤镜">"渲染">"纤维"菜单，打开"纤维"对话框，按照图9-49左图所示设置参数。单击"确定"按钮，效果如图9-49右图所示。

确定生成纤维的粗细效果

确定生成纤维的疏密度，该值越大，纤维效果越精细

可随机生成不同的纤维效果

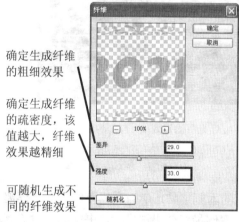

图9-49　使用"纤维"滤镜效果

步骤4 在"图层"调板中单击"添加图层蒙版"按钮，为"图层1"的选区添加图层蒙版。然后选择"滤镜">"风格化">"浮雕效果"菜单，打开"浮雕效果"对话框，并按照图9-50左图所示设置参数。单击"确定"按钮，效果如图9-50右图所示。

步骤5 按下【Ctrl+L】组合键，打开"色阶"对话框，按照图9-51左图所示的参数调整蒙版的对比度。单击"确定"按钮，效果如图9-51右图所示。

步骤6 将"背景"图层切换为当前图层，用"魔棒工具"将其中的黑色区域制作成选区。然后选择"滤镜">"纹理">"颗粒"菜单，打开"滤镜库"对话框，按照图9-52左图所示设置参数。单击"确定"按钮，效果如图9-52右图所示。

图 9-50 使用"浮雕效果"滤镜效果

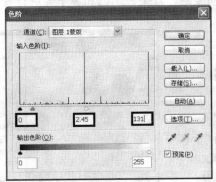

图 9-51 调整蒙版色阶

图 9-52 使用"颗粒"滤镜效果

四、为小狗整容

液化滤镜、消失点滤镜和镜头校正滤镜是 Photoshop 中具有特殊功能的滤镜，其中利用"液化"滤镜可以逼真地模拟液体流动的效果，用户可非常方便地利用它制作弯曲、漩涡、扩展、收缩、移位及反射等效果。下面，我们将通过为小狗整容来学习液化滤镜的使用方法，效果如图 9-53 所示。案例最终效果请参考本书配套素材"素材与实例">"项目九"文件夹>"为小狗整容.jpg"文件。

图 9-53　为小狗整容效果前后对比

制作思路

打开素材图片，然后打开"液化"对话框，依次利用该对话框中的"膨胀工具" ⊕、"向前变形工具" ⌐和"褶皱工具" ▦等对小狗的眼睛、耳朵、尾巴和鼻子等进行变形。

制作步骤

步骤 1 打开本书配套素材"项目九"文件夹中的"9.jpg"图像文件，如图 9-53 左图所示。

步骤 2 选择"滤镜" > "液化"菜单，打开"液化"对话框，在对话框左侧的工具箱中选择"膨胀工具" ⊕，并在右侧的"工具选项"设置区中设置其画笔大小，然后在小狗的眼睛上单击，即可放大眼睛，如图 9-54 所示。对话框中各选项的意义如下。

图 9-54　"液化"对话框

➤ **"向前变形工具"** ⌐：选中该工具后，在预览框中拖动可以改变图像像素的位置。

➤ **"重建工具"** ⌐：用于将变形后的图像恢复为原始状态。

➤ **"顺时针旋转扭曲工具"** ⟳：选中该工具后，在预览框中单击或拖动可使单击处像素按顺时针旋转。

➤ **"褶皱工具"** ▦与**"膨胀工具"** ⊕：利用这两个工具可收缩或扩展像素。

➤ **"左推工具"** ▦：选中该工具后，在预览框中单击并拖动，系统将在垂直于光标移动的方向上移动像素。

➤ **"镜像工具"** ▦：该工具用于镜像复制图像。选择该工具后，垂直或水平拖动光标可镜像复制光标右侧或上侧的图像，按住【Alt】键垂直或水平拖动光标可镜像复制光标左侧或下侧的图像。

➤ **"湍流工具"** ≋：该工具用于平滑地混杂像素，它主要用于创建火焰、波浪等效果。

➤ **"冻结蒙版工具"** ▨：用于保护图像中的某些区域，以免这些区域被编辑。默认情况下，被冻结区域以半透明红色显示。

> ➤ **"解冻蒙版工具"** ：用于解冻冻结区域。

> ➤ **"工具选项"设置区**：在此区域可设置各工具的参数，如"画笔大小"、"画笔密度"、"画笔压力"等。

> ➤ **"重建选项"设置区**：误操作时，在此处选择"恢复"模式，再单击"重建"按钮可逐步恢复图像；单击"恢复全部"按钮可一次恢复全部图像。此外，选择"重建工具" ，在变形后的图像区域单击或拖动也可恢复图像。

> ➤ **"蒙版选项"设置区**：用于取消、反相被冻结区域（也称为被蒙版区域），或者冻结整幅图像。

> ➤ **"视图选项"设置区**：在该区域可对视图的显示方式进行控制。

步骤 3 在对话框左侧的工具箱中选择"向前变形工具" ，并在右侧的"工具选项"设置区中设置其画笔大小，然后在小狗的耳朵上单击并拖动鼠标，可改变耳朵的形状，如图 9-55 左图所示。

步骤 4 选择对话框左侧的"褶皱工具" ，设置合适的画笔大小，然后在小狗的尾巴上单击，可以使单击处尾巴变细；选择"湍流工具" 后，在尾巴尖上单击，可以使单击处的图像卷曲，如图 9-55 中图和右图所示。

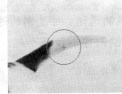

图 9-55　修饰小狗的耳朵和尾巴

步骤 5 选择"膨胀工具" ，然后在小狗的鼻子上单击，将鼻子放大，如 9-56 所示，最终效果如图 9-53 右图所示。

图 9-56　应用"液化"命令

项目总结

　　本项目主要介绍了 Photoshop CS5 的通道和滤镜功能。读者在学完本项目内容后，应重点掌握以下知识。

> ➤ 通道主要用于保存颜色数据。在实际应用中，可对原色通道进行单独操作，从而制作出特殊的图像效果；还可以利用通道抠取图像区域、保存选区和辅助印刷。

> ➤ 利用通道抠取图像区域时，可先利用各种工具和命令编辑通道图像，使图像中需要抠取出来的区域变成白色，然后按住【Ctrl】键单击该通道的缩略图即可。利用通道抠图时，要注意的是最好先复制通道并对复制的通道进行操作，以避免破坏图像。

> ➤ 滤镜是遵循一定的程序算法对图像中像素的颜色、亮度、饱和度、对比度、色调、分布、排列等属性进行计算和变换处理，使图像产生特殊效果。

➤ 在实际操作中，可将 Photoshop 的通道、图层和滤镜功能综合应用，以便制作出更多的特殊图像效果。

课后操作

1. 打开本书配套素材"项目九"文件夹中的"10.jpg"和"11.jpg"图像文件，利用通道制作图 9-57 右图所示的婚纱合成效果。

图 9-57　合成图像

提示：

复制"11.jpg"图片文件中对比强烈的通道，对复制的通道进行适当编辑，抠出人物图像，然后移至"10.jpg"图像文件中，将两幅图像融合在一起。

2. 打开本书配套素材"项目九"文件夹中的"12.psd"图像文件，利用本项目所学知识制作图 9-58 右图所示砖墙字效果。

提示：

（1）打开素材文件，在"图层"调板中选择"背景"图层，按【Ctrl+A】组合键全选图像，再按【Ctrl+C】组合键复制背景图像。

（2）在"通道"调板种新建一个"Alpha 1"通道，选中该通道，按【Ctrl+V】组合键将背景图像粘贴到该通道中，然后利用"色阶"命令调整通道。

（3）将文字图层进行删格化，然后按【Ctrl】键单击"通道"调板中的"Alpha 1"通道缩览图，生成选区；最后按【Delete】键删除文字图层中选区中的部分。

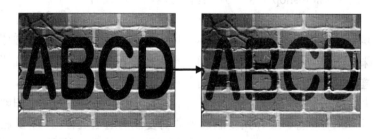

图 9-58　制作砖墙字效果

3. 打开"项目九"文件夹中的素材图片"13.jpg"，如图 9-59 左图所示，然后利用"液化"滤镜为人物图像烫发，效果如图 9-59 右图所示。